聚合物成型
工艺实验

Polymer Molding
Process Experiment

黄兆阁
吴明生
杜爱华 编著

化学工业出版社
·北京·

内容简介

《聚合物成型工艺实验》从聚合物特点、成型与性能测试方法入手，共分为聚合物成型工艺实验、聚合物加工性能测试实验、聚合物力学及化学性能测试实验等部分。本书编写时从培养创新型、科研型人才的目的出发，反映了编者多年的理论教学和实践教学经验。为了便于读者加深对相关实验内容的理解，针对所列实验项目，主要从实验目的、实验原理、实验仪器、实验步骤、数据处理及注意事项等方面进行详细说明和分析，力求内容精选、简明适用。

本书强调理论联系实际，可作为高分子材料与工程专业相关学科的实验教材和教学参考书，也可作为从事橡胶、塑料、复合材料生产的技术人员以及其他涉及高分子科学领域的研究人员和工程技术人员的参考用书。

图书在版编目（CIP）数据

聚合物成型工艺实验/黄兆阁，吴明生，杜爱华编著．—北京：化学工业出版社，2024．7

ISBN 978-7-122-45511-6

Ⅰ．①聚…　Ⅱ．①黄…②吴…③杜…　Ⅲ．①聚合物-成型加工-实验　Ⅳ．①TQ316-33

中国国家版本馆 CIP 数据核字（2024）第 084130 号

责任编辑：朱　彤　　文字编辑：张瑞霞
责任校对：王　静　　装帧设计：刘丽华

出版发行：化学工业出版社
（北京市东城区青年湖南街 13 号　邮政编码 100011）
印　　装：北京科印技术咨询服务有限公司数码印刷分部
787mm×1092mm　1/16　印张 8½　字数 218 千字
2025 年 1 月北京第 1 版第 1 次印刷

购书咨询：010-64518888　　售后服务：010-64518899
网　　址：http://www.cip.com.cn
凡购买本书，如有缺损质量问题，本社销售中心负责调换。

定　　价：39.00 元　

·前言·

聚合物是指单体经聚合反应形成的、由许多以共价键相连接的重复单元组成的物质，其分子量通常在 10^4 以上。随着现代高分子科学与技术的进步和社会的发展，聚合物材料的应用领域也越来越广，其加工与成型也不再是简单制品的成型，而是确定聚合物材料结构和性能的关键环节。作为专业复合型人才培养体系的重要组成部分，聚合物成型工艺实验是与高分子材料与工程专业有关的在校师生和科研人员不可或缺的实践环节。与聚合物成型工艺有关的实验技术和技能的培养，对培养读者的创新意识、创新精神以及实践能力，提高综合素质，起到不可替代的作用。

以往相关专业的教材内容主要以聚合物合成和结构表征实验为主，本书则是重点从“橡胶工艺学”“塑料成型工艺学”专业课程理论知识出发，结合“涂料与胶黏剂”和“化学纤维”等专业课程，在充分考虑实验项目和实验方法的普遍性和适用性基础上，强调理论联系实际，既有理论知识，又有应用实例，全面、系统地介绍聚合物成型工艺实验技术。希望通过本书的学习，读者一方面能够具备完成好聚合物成型加工和性能测试所应有的基本知识素养；另一方面，还能够针对复杂工程问题，开发、选择与使用恰当的技术和资源，利用好各类现代化信息技术和手段，对复杂工程问题进行预测和模拟，并能够理解其局限性，同时具有安全环保意识及团队协作能力。

本书编写时依据国家现行标准和行业标准，精选实验内容，从聚合物特点、成型加工方法及性能介绍入手，规范原材料存放、混合、试样制备方法、实验条件设定、实验结果处理及误差分析等过程，实验内容涉及聚合物加工工艺、加工性能和力学性能等。每个实验主要包括实验目的、实验原理、实验设备及实验条件、实验步骤、影响因素分析和思考题等，旨在培养读者规范操作能力、分析处理问题能力、实验设计能力和创新能力，为今后的学习和工作打下坚实基础。本书可作为高等院校高分子材料与工程专业教材，也可以供相关专业工程技术人员和科研人员参考使用。

本书由青岛科技大学黄兆阁、吴明生、杜爱华编著。其中，有关塑料成型及性能测试实验部分由黄兆阁编写，本书的概述及有关橡胶成型及性能测试实验部分由吴明生编写。杜爱华教授参与本书的编写，并负责稿件的主审工作。在本书编写过程中得到作者所在单位各位老师的帮助，还得到高特威尔科学仪器（青岛）有限公司的鼎力支持，并由青岛科技大学教育发展基金会资助出版，在此表示衷心感谢！

由于编著者时间和水平有限，疏漏之处在所难免，恳请广大读者批评、指正。

编著者

2024 年 5 月

· 目录 ·

1 概述

1.1 聚合物的特点

聚合物是指单体经聚合反应形成的、由许多以共价键相连接的重复单元组成的物质，其分子量通常在 10^4 以上。橡胶、塑料、合成纤维、涂料和胶黏剂等都属于聚合物的范畴，也是有机高分子材料，主要由碳、氢两种原子组成，部分品种还含有少量的氧、氮、氯、氟、硅、硫等原子。但由于结构单元及键接方式不同，使得橡胶和塑料表现出完全不同的特性，同时又具备某些相似的性能，以下重点介绍聚合物（主要是橡胶和塑料）的特点。

1.1.1 橡胶材料的特性

（1）高弹性

橡胶是一种具有高弹性的材料，具体表现为低模量（比金属材料模量低几个数量级）；小应力下产生大形变（形变可达 1000%以上）；除掉外力后大形变恢复迅速有力，且永久变形小；应力-应变曲线没有屈服现象。橡胶高弹性来自其高分子量长链结构，σ 键旋转位垒低，分子间相互作用力小，容易旋转变形，故模量低，外力作用时形变大，外力除掉后可通过分子热运动自动恢复原来的变形。橡胶原材料的弹性取决于其分子量、侧基数量及大小、分子间相互作用力。橡胶制品的弹性还与含胶率、填充材料的品种和用量、交联密度、温度等有关。高弹性能赋予橡胶制品优异的密封性能、减振缓冲性能、耐磨性能和耐疲劳性能，但不利于橡胶成型加工，难以与配合剂混合进行压延和挤出成型，半成品尺寸难以精确控制。

（2）硫化反应性

橡胶分子链中的碳碳双键容易与亲电子试剂发生加成反应，活泼氢可以发生取代反应。故橡胶材料都具有一定的化学反应性能，比较容易被改性，如接枝、加氢、硫化（交联）、老化、卤化等。定义中的“被改性”主要是指硫化，绝大多数块状橡胶都需要经过硫化才具有使用价值。橡胶原材料由长短不一的线型大分子构成，拉伸时分子链之间容易产生相对运动，形状稳定性差，强度低，不耐老化，几乎没有使用价值。美国著名橡胶生产商固特异发现天然橡胶和硫黄粉混合加热后可以使橡胶转化为“遇热不发黏，遇冷不发硬”的高弹性材料，开辟了硫化橡胶技术的新纪元，推动了橡胶工业的飞速发展。后来人们在橡胶中添加不同的硫化剂、设计不同的硫化体系来调节硫化反应速度和生产效率、硫化反应活化能及硫化胶性能。需要强调的是，胶料的硫化反应在产品整个成型加工过程中都有可能发生，如橡胶胶料在混炼、压延或压出操作中，以及在硫化前的储存过程中出现的早期硫化现象，称之为焦烧现象，导致硫化后的成品出现缺胶、疤痕等外观质量问题。故橡胶成型加工过程中要注意控制工艺条件，合理设计胶料配方，避免发生焦烧现象。

（3）耐介质性

硫化橡胶在橡胶良溶剂中不能溶解，但能溶胀，这是线型大分子经过硫化变为三维网状结构导致的。可以根据硫化胶在不同介质中浸泡后溶胀程度来评价橡胶的耐介质性，如耐油性、耐酸碱性、耐化学药品性、耐腐蚀性能、耐水性等。橡胶不易被酸、碱腐蚀；丁腈橡胶（NBR）、氢化丁腈橡胶（HNBR）、丙烯酸酯橡胶（ACM）、氯磺化聚乙烯橡胶（CSM）、氟橡胶（FPM）等具有耐油性及耐非极性溶剂特性；氟橡胶耐化学药品性特别优异；不含酯基的橡胶大都具有良好的耐水性。

（4）黏弹性

橡胶除了高弹性外，还有一定的黏性。在外力作用下，橡胶线型大分子由卷曲状态被拉伸，产生弹性变形，同时分子链之间克服内摩擦力产生相对运动，导致产生塑性变形。所以橡胶也是一种典型的黏弹性材料。从可塑性角度可以把橡胶归属为特殊的塑料，但其可塑性远远不及塑料，不像塑料那样容易塑化成型加工。对橡胶施加应力，分子链需要先克服内摩擦力才能产生链与链之间的相对运动，其形变的产生往往滞后于应力，产生滞后损失、滞后生热等现象，影响制品的动态使用性能。橡胶形变产生及恢复与温度和时间有关，使得橡胶制品在长时间受力作用下产生蠕变、应力松弛等现象，影响橡胶制品使用寿命。

（5）其他特性

除了上述特性外，橡胶还具有密度低、电绝缘性好、强度低、硬度低（耐磨性能一般）以及热导率小等特点，同时也容易老化和易燃。因此，橡胶制品配方中需要添加硫化体系、补强填充体系、防护体系和增塑体系，提高强度、耐老化性及尺寸稳定性。

1.1.2 塑料材料的特性

塑料通常是指以树脂（或在加工过程中用单体直接聚合）为主要成分，以增塑剂、填充剂、润滑剂、着色剂等添加剂（即助剂）为辅助成分，在加工过程中能流动成型的材料。塑料按照用途可分为通用塑料、工程塑料和特种塑料三种类型。按受热后状态变化，可分为热塑性塑料和热固性塑料两类。

（1）可塑性

塑料最典型的特征是可塑性，在受热时变为流体，很容易通过模压、层压、注塑、吹塑、搪塑、浇注等成型方法加工成尺寸稳定的塑料制品。

（2）结晶性

大部分塑料由于分子结构规整，无支链或支链很少、侧基体积小等原因产生规则排列而容易结晶。规则排列的区域称为晶区，因分子链排列紧密，链段运动性差，晶区的密度和硬度要比非晶区大。结晶度能赋予塑料更高的强度、硬度和使用温度，更好的耐溶剂性，更大的脆性和体积收缩率；结晶度越高，则透明性越差。常见的结晶性塑料有聚乙烯（PE）、聚丙烯（PP）、聚甲醛（POM）、聚酰胺（PA）和热塑性聚酯（如聚对苯二甲酸乙二醇酯，PET）等。非结晶性塑料主要有聚碳酸酯（PC）、丙烯腈-丁二烯-苯乙烯三元共聚物（ABS）、聚苯乙烯（PS）和聚氯乙烯（PVC）等。结晶性塑料表面不易喷涂、印刷和黏结，而非结晶性塑料表面性能与结晶塑料相反，能够镀铬、喷涂和黏结。

(3) 质轻、比强度高

塑料质轻，一般塑料的密度都在 0.9～2.3g/cm^3 之间，只有钢铁的 1/8～1/4，铝的 1/2 左右；而各种泡沫塑料的密度更低，在 0.01～0.5g/cm^3 之间。按单位质量计算的强度称为比强度，有些增强塑料的比强度接近甚至超过钢材。例如合金钢材，其单位质量的拉伸强度为 160MPa，而用玻璃纤维增强的塑料可达到 170～4000MPa。

(4) 其他特性

塑料还具有优异的电绝缘性能（极小的介电损耗和优良的耐电弧特性），优良的化学稳定性，对酸碱等化学药品均有良好的耐腐蚀能力，特别是聚四氟乙烯的耐化学腐蚀性能比黄金还要好，甚至能耐“王水”等强腐蚀性电解质的腐蚀，被称为“塑料王”。其减摩、耐磨、自润滑性能好；透明性好，热导率低，隔热效果好；减振、消声性能优良；耐热性较差，热膨胀系数比金属大 3～10 倍。在载荷作用下，会缓慢地产生黏性流动或变形，即蠕变现象，制品尺寸稳定性差，容易变形等。

1.1.3 影响聚合物性能的因素

聚合物的主要性能由其微观结构决定，同时受成型加工方法及工艺条件、性能测试方法及条件的影响。聚合物分子链键接结构、顺反异构、分子量及分布、织态结构对聚合物性能的影响等在《高分子物理》一书中有详细的阐述，此处不再重复。这里简要介绍成型方法、工艺条件和测试方法对聚合物（主要是橡胶和塑料）性能的影响。

(1) 成型加工方法及工艺条件的影响

对于添加有配合体系的橡胶及塑料，成型加工方法及工艺条件决定聚合物的微观结构，从而对制品的性能产生影响。

橡胶材料基本的成型加工方法有混炼、压延、挤出、成型和硫化。绝大部分橡胶制品都需要经过混炼和硫化工序，有些多部件或多种材料构成的制品还需要经过压延或挤出成型等工艺。其中混炼是橡胶成型加工方法中最重要的工序，对同一配方胶料，混炼工艺方法（开炼机混炼、密炼机一段混炼、密炼机分段混炼、密炼机逆混法混炼、螺杆机连续混炼、密炼机开炼机组合的低温一次法连续混炼、湿法混炼等）不同，工艺条件（容量、温度、时间、速比、辊距或间隙、加料顺序等）改变，胶料中配合剂的分散性、橡胶与配合剂颗粒的结合情况、胶料的流动性等会发生改变，橡胶的性能也会随之发生改变。故对某一配方胶料来说，存在最佳的炼胶工艺方法及工艺条件，需要在产品制造之前通过大量的实验研究确定。

塑料的成型加工方法主要有混料（造粒）、模压、层压、挤出、注塑、吹塑、搪塑、压延等。不同的成型方法，工作原理及匹配的工艺条件（温度、压力、时间、剪切速率等）也不同，塑料的结晶性（结晶度、晶体形状及尺寸）不同，塑料制品的性能也不同。其中，成型温度及降温速率对塑料制件性能的影响最为显著。

(2) 性能测试条件的影响

聚合物的性能需要通过特定的仪器或设备在特定的条件下测试才能评价。采用的测试方法及测试条件是否合适是能否真实反映材料性能的关键。若测试方法或测试条件不当，测试的性能结果会有较大的偏差，甚至是错误的。为了使测试结果有可比性、重复性和可追溯性，现在许多性能测试都有国家、国际标准或行业标准测试方法，采用标准规定的试样，在标准条件下测试。试样制备方法及工艺条件、试样的形状和尺寸、性能测试方法及条件、实验仪器与设备、实验操作的规范性等对性能测试结果均有影响。

① 试样制备方法及条件。在标准测试方法中，对测试试样有明确的形状和尺寸要求。不符合要求的试样测试结果不准确。试样制备方法有两种，一种是从成品上裁取，另一种是根据配方和工艺自制。前者采取切割、磨片、铣缺口等方法制备形状和尺寸符合标准要求的试样。后者直接使用混炼胶或混合料通过模压、注塑等工艺方法制备。前者要求成品尺寸足够大，对尺寸较小的成品无法制成标样进行测试。由于打磨使得试样表面不平滑，甚至有划伤，测试结果误差较大。后者要求有制备好的混炼胶或混合料，由于受制样工艺条件（如温度、压力、时间）影响大，测试结果波动较大，需要做多次平行实验，合理取值作为最终的测试结果。

例如，橡胶拉伸强度测试，试片采用平板硫化机在一定的温度、压力下硫化一定时间制得，然后采用不同型号的裁刀沿压延方向裁切试样，要求平行测试 5 个试样，取中值作为测试结果。硫化试片时如果硫化温度、硫化压力或硫化时间发生改变，硫化胶的微观结构及致密程度随之改变，测试的性能也会发生改变。故硫化胶拉伸强度测试结果一定要注明试样制备条件。如果要进行不同配方胶料拉伸强度对比，就必须保证试样制备条件要相同。通过注塑工艺制备塑料标准试样时，要注意压力、温度、注塑速度、保压时间的一致性。

② 试样的形状和尺寸。聚合物许多性能测试根据实际使用情况采用不同的试样形状或尺寸。如硫化橡胶拉伸强度测试的试样形状为哑铃状，有 1 型、1A 型、2 型、3 型、4 型五种尺寸的试样，分别选用对应的裁刀在同一试片上裁切，在环境温度及拉伸条件一致的情况下，不同试样测得的拉伸强度不一样。硫化橡胶撕裂强度实验所用试样有直角形（割口、无割口）、新月形和裤形三种，测试同一胶料的撕裂强度，不同试样测得的数据差异很大，没有可比性。其他如压缩永久变形、冲击弹性测试也有多种试样。测试结果的差异是由于试样“尺寸效应”引起的。尺寸效应主要是由高聚物微观缺陷和微观不同性引起的。微观缺陷是试样制备过程中受到热、力或其他因素产生的微小裂纹（或裂缝）。微观不同性是高聚物结构上存在的缺陷或不均匀性（如试样制备带来的取向结构或结晶结构不同的微区域）。断面尺寸越大，存在微观缺陷及微观不同性的概率越大，拉伸或撕裂时更容易断裂，测试的结果越低。所以，为了得到可比性或重复性好的结果，保证试样一致性尤其重要。

③ 性能测试方法及条件。聚合物同一性能可以采用不同的测试方法来表征，也可以采用测试方法相同但测试条件不同的测试结果来表征。因实验原理或条件不同，测试结果有很大的差异，甚至变化趋势相反。例如，橡胶的耐磨性测试有阿克隆磨耗和旋转辊筒磨耗两种，塑料冲击强度有简支梁冲击（缺口、无缺口）和悬臂梁冲击（缺口、无缺口）两种方法；邵氏硬度有 A 型、AO 型、AM 型和 D 型四种类型；塑料维卡软化温度方法有 A_{50}、B_{50}、A_{120} 和 B_{120} 四种。

若试样及测试条件均不一样，则测试结果完全不同，有时阿克隆磨耗的实验结果随某因素水平的变化趋势与旋转辊筒磨耗测试的结果相反。再如用大转子与小转子测试混炼胶门尼黏度的结果差别很大。测试温度不同，测试结果差别也很大。在拉伸性能、撕裂性能、剥离性能、压缩性能与弯曲性能测试中，实验速度不同，测试结果差异明显。还有试样调节的环境温度和湿度不同，测试结果也有明显差异。因此，聚合物性能测试前要先确定测试方法及测试条件，要在标准的环境温度及湿度下调节一段时间后再进行测试，否则测试结果没有可比性。

④ 实验仪器与设备。仪器与设备的实验原理及测试精度是影响性能测试结果的另一重要因素。目前，生产测试仪器设备的公司非常多，不同公司在设计制造测试设备时所采用的材料材质、零件加工精度、控制系统精度、测温点位置等有所不同，故不同厂家生产的相同测试设备精度不一致，对聚合物性能的测试结果会产生明显差异。

笔者曾用5个厂家生产的无转子硫化仪在相同的条件下测同一胶料的硫化曲线，得到了5组完全不同的硫化特性参数。即使是同一设备，由于长期使用导致设备内某些部件磨损、老化、变形等，引起测试结果发生变化。因此，如果要进行性能对比，性能测试应确保使用同一台设备并在相同的时间段内进行，使用时间较长的仪器设备需要定期进行标定和校正。对同一厂家生产的相同设备不同机台之间也要通过标定找出差异。不同厂家生产的相同设备，由于可能存在设计、制造等方面的差异，性能测试结果没有可比性。

⑤ 实验操作的规范性。即使是在相同设备、相同条件下测试相同材料的性能，也会由于操作者的熟练程度及规范程度不同而得到不同的测试结果。例如从试片上裁切试样，不同的人裁切的试样工作部位断面尺寸会有所不同，测试试样厚度也有差异；夹持试样垂直度不同等，得到的测试结果会有明显的差异。

综上所述，聚合物性能测试需要有规范的操作规程或测试标准作为依据，需要有规范的试样制备方法，高精度的测试仪器，合适的试样形状及尺寸、合理的测试条件、规范熟练的实验操作，才能得到可靠、准确的测试结果。实际生产中，往往由于试样制备不规范，仪器设备精度不足，测试条件不合理，操作不熟练等原因导致测试结果出现分散性，因此很多性能检测需要增加平行实验次数，对数据进行统计分析，剔除无效数据，保留有效数据，再进行合理的取值。

1.2 聚合物性能及测试方法

聚合物性能主要包括物理性能（如力学性能、高弹性和黏弹性、热性能、电学性能、流变性能、光学性能、渗透性能和透气性能、密度、疲劳性能、溶解性能等）和化学性能（如化学反应性能、燃烧性能、老化性能、耐腐蚀性能等）两大类。

1.2.1 聚合物力学性能及测试方法

聚合物的力学性能主要有形变性能、强度及耐磨性。其中，形变性能主要包括硬度、定伸应力，以及伸长率、定应力伸长率和拉断伸长率、拉伸永久变形与压缩永久变形。强度性能主要包括拉伸强度和断裂拉伸强度、撕裂强度、冲击强度、弯曲强度、剪切强度等。

(1) 硬度

硬度是用材料抵抗压入或刮刮的性质来衡量固体材料软硬程度的力学性能指标，如布氏硬度、洛氏硬度和邵氏硬度等。其中，邵氏硬度有A型、AO型、D型和AM型四种方式。材料硬度的测试方法有划痕法、压入法、弹性回跳法、抗磨耗法等，聚合物硬度测量主要采用压入法，具体操作按GB/T 531.1—2008《硫化橡胶或热塑性橡胶　压入硬度试验方法　第1部分：邵氏硬度计法（邵尔硬度）》、GB/T 2411—2008《塑料和硬橡胶　使用硬度计测定压痕硬度（邵氏硬度）》和GB/T 3398.2—2008《塑料　硬度测定　第2部分：洛氏硬度》的规定进行。

不同硬度范围的聚合物硬度测试采用不同类型的邵氏或洛氏硬度计。例如，普通硬度范围用邵氏A型硬度计测试，高硬度范围采用邵氏D型或洛氏硬度计测量，低硬度橡胶和海绵用邵氏AO型硬度计测量，普通硬度范围薄样品用邵氏AM硬度计测试。对厚度大于等于0.6mm的软硬橡胶制品均可采用国际橡胶硬度测量标准（IRHD）测试。

(2) 定伸应力

定伸应力是指将试样实验长度部分拉伸到给定伸长率所需的应力，反映聚合物抵抗拉伸变形的能力。该值越大，聚合物在拉伸时越难变形。按 GB/T 528—2009《硫化橡胶或热塑性橡胶　拉伸应力应变性能的测定》规定进行测试。

(3) 伸长率、定应力伸长率和拉断伸长率

伸长率是指由拉伸应力引起试样形变，用试样长度变化的百分数表示。定应力伸长率是指试样在给定拉伸应力下的伸长率，该值越大，变形能力越强。拉断伸长率是指试样断裂时的百分比伸长率，反映聚合物极限变形能力。单位均为%。按 GB/T 528—2009《硫化橡胶或热塑性橡胶　拉伸应力应变性能的测定》规定进行测试。

(4) 拉伸强度和断裂拉伸强度

拉伸强度是指在拉伸实验过程中试样承受的最大拉伸应力，为试样断裂前承受的最大载荷与试样原始横截面积之比。测试方法见 GB/T 528—2009《硫化橡胶或热塑性橡胶　拉伸应力应变性能的测定》。

(5) 撕裂强度

撕裂强度试样有三种：直角形（割口、无割口）、新月形和裤形。其中，无割口直角形撕裂强度应用较多，按 GB/T 529—2008《硫化橡胶或热塑性橡胶撕裂强度的测定（裤形、直角形和新月形试样）》规定进行测试。

(6) 冲击强度

塑料冲击强度是试样破坏时所吸收的冲击能量，单位为 kJ/m^2，用于评价塑料抵抗冲击的能力，是反映材料韧性好坏的一个性能指标，与试样原始横截面积有关。冲击强度有简支梁冲击强度和悬臂梁冲击强度两种，每种方法都有有缺口和无缺口两种形式。前者缺口试样有 A 型、B 型和 C 型三种，优选 A 型缺口；后者缺口试样有 A 型和 B 型两种。

(7) 弯曲强度

弯曲强度又称抗弯强度，是指材料在弯曲过程中承受的最大弯曲应力，以 MPa 为单位。它反映材料抵抗弯曲的能力，用来衡量材料的弯曲性能。

(8) 剪切强度

在剪力作用下，材料所承受的最大剪应力，称为剪切强度（MPa），反映材料承受剪切力的能力。根据受力方式剪切强度可分为拉伸剪切强度、压缩剪切强度、扭转剪切强度、弯曲剪切强度等几种，其中拉伸剪切强度最常用。硫化橡胶与金属粘接拉伸剪切强度测试方法见 GB/T 13936—2014《硫化橡胶　与金属粘接拉伸剪切强度测定方法》。塑料剪切强度试验方法穿孔法见 HG/T 3839—2006《塑料剪切强度试验方法　穿孔法》。塑料层间剪切强度试验方法见 GB/T 1450.1—2005《纤维增强塑料层间剪切强度试验方法》。

(9) 耐磨性

耐磨性是材料在一定摩擦条件下抵抗磨损的能力。橡胶的耐磨性通常以耐磨指数表示。

1.2.2 聚合物高弹性、黏弹性及测试方法

橡胶材料具有高弹性，橡胶、塑料均具有黏弹性。橡胶的高弹性通常用回弹性来表征，而黏弹性在长时间静态受力情况下表现为应力松弛和蠕变，在动态受力情况下表现为滞后损失和生热现象。

(1) 弹性

材料在外力作用下变形，外力卸除后能恢复原状的特性，称为弹性。反映橡胶弹性的测

试方法见 GB/T 1681—2009《硫化橡胶回弹性的测定》。

(2) 蠕变

蠕变是指材料在恒定应力作用下，应变随时间增加而增加的现象。蠕变的发生是低于材料屈服强度的应力长时间作用的结果。当材料长时间处于加热当中或者接近熔点时，蠕变会更加剧烈。不仅聚合物会产生蠕变，就连金属、岩石等高硬度材料也会产生蠕变。蠕变产生的机理主要包括扩散和滑移两种。前者是在外力作用下，质点穿过材料内部空穴扩散或者沿材料边界扩散导致；后者是材料内分子滑移或晶体位错促进滑移导致。蠕变会使材料变形，尺寸发生变化，甚至使制品丧失使用价值，应引起足够的重视。

硫化橡胶在压缩或剪切状态下蠕变的测定见 GB/T 19242—2003《硫化橡胶 在压缩或剪切状态下蠕变的测定》。塑料拉伸蠕变性能的测定见 GB/T 11546.1—2008《塑料 蠕变性能的测定 第1部分：拉伸蠕变》。

(3) 应力松弛

材料在恒定应变条件下，应力随时间增加而减小的现象称为应力松弛。压缩应力松弛测定见 GB/T 1685.2—2019《硫化橡胶或热塑性橡胶 压缩应力松弛的测定 第2部分：循环温度下试验》。

(4) 生热

生热主要是指材料由于滞后作用，在材料内部产生的、导致温度升高的热能的积累。生热可以反映橡胶在动态下热积累的快慢。橡胶材料的生热性能影响使用寿命，生热快的胶料在周期性应力应变过程中温度升高较快，力学性能下降，且容易老化，使用寿命缩短；相关生热测试方法见 GB/T 1687.3—2016《硫化橡胶 在屈挠试验中温升和耐疲劳性能的测定 第3部分：压缩屈挠试验（恒应变型）》。

1.2.3 聚合物热性能、耐温性能及测试方法

聚合物的热性能包括热导率、比热容及热膨胀系数；耐温性包括热分解温度、玻璃化转变温度和脆性温度等。常用高分子材料的热性能见表 1-1。

表 1-1 常用高分子材料的热性能

聚合物	热导率/[W/(m·K)]	比热容/[kJ/(kg·K)]	线膨胀系数/$10^{-5}K^{-1}$	聚合物	热导率/[W/(m·K)]	比热容/[kJ/(kg·K)]	线膨胀系数/$10^{-5}K^{-1}$
PMMA	0.19	1.39	4.5	PA-6	0.31	1.60	6
PS	0.16	1.20	6～8	PA-66	0.25	1.70	9
PU	0.30	1.76	10～20	PET	0.14	1.01	—
PVC(未增塑)	0.16	1.05	5～18.5	PTFE	0.27	1.06	10
PVC(35%增塑剂)	0.15	—	7～25	EP	0.17	1.05	8
LDPE	0.35	1.90	13～20	CR	0.21	1.70	24
HDPE	0.44	2.31	11～13	NR	0.18	1.92	—
PP	0.24	1.93	6～10	PIB	—	1.95	—
POM	0.23	1.37	10	PES	0.18	1.12	5.5

注：PMMA——聚甲基丙烯酸甲酯；PS——聚苯乙烯；PU——聚氨酯；PVC——聚氯乙烯；PA——聚酰胺；PET——聚对苯二甲酸乙二醇酯；PTFE——聚四氟乙烯；EP——环氧树脂；LDPE——低密度聚乙烯；HDPE——高密度聚乙烯；PP——聚丙烯；POM——聚甲醛；CR——氯丁橡胶；NR——天然橡胶；PIB——聚异丁烯橡胶；PES——聚醚砜。

(1) 热导率

热导率是指在稳态传热条件下，表示单位温度梯度时，在单位时间内通过单位面积所传递的热量，单位为 W/(m·K)。热导率越高，热量在该材料内的损耗越少。

橡胶热导率测试方法采用 GB/T 11205—2009《橡胶热导率的测定　热线法》。塑料热导率测试时常采用 GB 3399—1982《塑料导热系数试验方法　护热平板法》。

(2) 比热容

比热容是在恒定压力下，单位质量的物质温度升高 1K 所吸收的热量，单位为 kJ/(kg·K)。比热容是表示物体吸热（或散热）能力的物理量。高分子材料的比热容主要由高分子材料的化学结构决定，数值大小一般为 1～3kJ/(kg·K)，比金属及无机材料的比热容值大。

塑料比热容的 DSC 测试方法见 GB/T 19466.4—2016《塑料　差示扫描量热法(DSC) 第 4 部分：比热容的测定》。

(3) 热分解温度

热分解温度是指材料受热分解失效时对应的温度，通常用热重分析法测试热重曲线，从曲线中得到一个或多个热分解温度，反映材料的耐热性，主要取决于材料的键能。

非金属材料具体测试方法可参见 GB/T 31850—2015《非金属密封材料热分解温度测定方法》。

(4) 玻璃化转变温度

无定形聚合物或半结晶聚合物中的无定形区域从黏流态或橡胶态到硬的、相对脆的一种可逆变化称为玻璃化转变，发生玻璃化转变的温度范围的近似中点的温度称为玻璃化转变温度，用 T_g 表示。玻璃化转变是非晶态高分子材料固有的性质，也是高分子运动形式转变的宏观体现，它直接影响材料的使用性能和工艺性能。T_g 是分子链段能够运动的最低温度，其高低与分子链的柔顺性有直接关系。从工程应用角度来看，T_g 既是工程塑料使用温度的上限，也是橡胶或弹性体的使用下限。玻璃化转变温度的测试方法有膨胀计法、折射（或折光）率法、热机械法（温度-形变法）、差示扫描量热法（DSC）、动态力学性能法（DMA）等。

采用 DSC 测量塑料及生胶玻璃化转变温度的具体方法，分别见 GB/T 19466.2—2004《塑料　差示扫描量热法(DSC)第 2 部分：玻璃化转变温度的测定》、GB/T 29611—2013《生橡胶　玻璃化转变温度的测定　差示扫描量热法（DSC)》。

(5) 脆性温度

脆性温度是指试样在一定条件下受冲击产生破坏时的最高温度，反映高分子材料的耐低温性能。

硫化橡胶低温脆性的测定见 GB/T 1682—2014《硫化橡胶　低温脆性的测定　单试样法》。塑料冲击脆化温度实验标准见 GB/T 5470—2008《塑料　冲击法脆化温度的测定》。

1.2.4 聚合物电学性能及测试方法

聚合物的电学性能是指在外加电场作用下材料所表现出来的介电性能、导电性能、电击穿性质以及与其他材料接触、摩擦时所引起的表面静电性质等。就导电性而言，聚合物可以是绝缘体、半导体、导体和超导体，多数聚合物材料具有卓越的电绝缘性能。

通常绝缘材料的绝缘性包括表面绝缘和内部绝缘：表面绝缘包括表面电阻、耐电痕化、耐电弧、耐电晕等性能；内部绝缘包括体积电阻、介电常数、介电损耗、电气强度、局部放电等性能。由于分子极化与外加电场、温度有关，高分子材料的电绝缘性在不同的测试条件下（如电压、电流、温度、交变电场频率）测试结果不同，故比较高分子材料的电学性能需要在相同条件下进行。

1.2.5 聚合物流动性能及测试方法

聚合物大都是黏弹性材料，属于非牛顿流体。聚合物成型加工过程中常说的流动性好坏，主要指的是聚合物熔体的黏度，黏度低的材料流动性好，易于充满模腔。聚合物熔体黏度通常用表观黏度来表示，即剪切应力与剪切速率的比值。剪切速率趋近于零时的表观黏度称为极限零剪切黏度。

橡胶流动性可用塑性值和门尼黏度来表征，相关测试标准如下：GB/T 12828—2006《生胶和未硫化混炼胶　塑性值及复原值的测定　平行板法》、旋转法门尼黏度测试标准 GB/T 1232.1—2016《未硫化橡胶　用圆盘剪切黏度计进行测定　第1部分：门尼黏度的测定》、HG/T 4300—2012《橡胶流变性能的测定　柱塞式毛细管流变仪法》。

塑料流动性通常采用熔体质量或体积流动速率来表征，依据 GB/T 3682.1—2018《塑料　热塑性塑料熔体质量流动速率(MFR)和熔体体积流动速率(MVR)的测定　第1部分：标准方法》进行测定。

1.2.6 聚合物光学性能及测试方法

聚合物材料的光学性能参数主要包括透光率、雾度及折射指数等。

塑料透光率及雾度测试方法见 GB/T 2410—2008《透明塑料透光率和雾度的测定》。塑料折光指数的测定方法见 GB/T 39691—2020《塑料　折光率的测定》。

1.2.7 聚合物渗透性能及测试方法

聚合物渗透性能包括气体渗透性能（透气性能或气密性）和液体渗透性能。气体渗透性能是指在压力梯度作用下，气体通过材料的能力，用气体渗透系数表示。气体不能通过材料的能力称为气密性。

硫化橡胶或热塑性橡胶透气性能测定见 GB/T 7755.1—2018《硫化橡胶或热塑性橡胶　透气性能的测定　第1部分：压差法》；橡胶或塑料涂覆织物耐透水性测定方法见 HG/T 2582—2022《橡胶或塑料涂覆织物耐水渗透性能的测定》。

1.2.8 聚合物密度及测试方法

在一定温度下单位体积聚合物的质量称为聚合物密度。聚合物密度的实用价值在于计算单位体积聚合物的质量或单位质量聚合物的堆放体积，对材料存放、运输及成本核算具有重要意义。对体积一定的聚合物产品，密度小的质量轻，产品轻量化就需要减小产品的密度；对质量一定的聚合物产品，密度大的堆放体积小。聚合物密度取决于材料的极性、结晶性、添加物的品种和用量及致密性。

硫化橡胶或热塑性橡胶密度的测试方法见 GB/T 533—2008《硫化橡胶或热塑性橡胶　密度的测定》。非泡沫塑料密度的测定方法见 GB/T 1033.1—2008《塑料　非泡沫塑料密度的

测定 第1部分：浸渍法、液体比重瓶法和滴定法》。常用橡胶及塑料密度见表1-2。

表1-2 常用橡胶及塑料的密度

聚合物	密度/(g/cm^3)	聚合物	密度/(g/cm^3)	聚合物	密度/(g/cm^3)
NR	0.91～0.93	MVQ	0.98	PP	0.89～0.91
SBR	0.94	PU	0.85	PVC	1.40～1.45
BR	0.93	ACM	1.1	POM	1.40～1.42
EPDM	0.85	ECO	1.27	PS	1.04～1.09
IIR	0.91～0.93	FPM	1.3～1.95	PC	1.20～1.22
CR	1.23	PET	1.37～1.42	PPO	1.05～1.09
NBR	0.96～1.02	PE	0.91～0.97	PTFE	2.02～2.14

注：NR——天然橡胶；SBR——丁苯橡胶；BR——顺丁橡胶；EPDM——三元乙丙橡胶；IIR——丁基橡胶；CR——氯丁橡胶；NBR——丁腈橡胶；MVQ——硅橡胶；PU——聚氨酯；ACM——丙烯酸酯橡胶；ECO——氯醚橡胶；FPM——氟橡胶；PET——聚对苯二甲酸乙二醇酯；PE——聚乙烯；PP——聚丙烯；PVC——聚氯乙烯；POM——聚甲醛；PS——聚苯乙烯；PC——聚碳酸酯；PPO——聚苯醚；PTFE—聚四氟乙烯。

1.2.9 聚合物耐介质性能及测试方法

聚合物材料在液体介质（如溶剂、油、水、酸、碱等）中浸泡后可能会发生以下变化：液体被聚合物吸入、聚合物中可溶成分被液体抽出、液体与聚合物发生化学反应。当聚合物中吸入液体的量大于聚合物中被抽出的可溶物的量时，聚合物体积和质量增加，称为“溶胀”。聚合物中吸入液体，会使聚合物的拉伸强度、拉断伸长率和硬度等物理及化学性能发生很大变化。

聚合物耐介质性质主要取决于聚合物分子结构、配方组成及交联密度等。通常用一定温度下在液体介质中浸泡一段时间再干燥后聚合物及其制品体积、质量、尺寸或性能的变化情况来反映聚合物的耐介质性质。

硫化橡胶或热塑性橡胶耐介质性质的测定见GB/T 1690—2010《硫化橡胶或热塑性橡胶 耐液体试验方法》。塑料耐介质化学试剂性能的测定见GB/T 11547—2008《塑料 耐液体化学试剂性能的测定》。

1.2.10 聚合物阻燃性能及测试方法

日常生活中发生的火灾很多是由聚合物材料燃烧导致的。聚合物在受热达到分解温度以上时会分解释放出可燃性小分子气体，在静电、明火的作用下燃烧，释放出大量的燃烧热，使周围的聚合物分子继续分解成小分子气体，火焰得以蔓延。

不同的聚合物因键接结构不同而具有不同的分解温度，聚合物分解吸热量及小分子气体燃烧放热量不同而具有不同的蔓延速度。按照燃烧的难易可将聚合物分为：易燃材料，如NR（天然橡胶）、SBR（丁苯橡胶）、BR（顺丁橡胶）、NBR（丁腈橡胶）、EPR（乙丙橡胶）、IIR（丁基橡胶）、PE（聚乙烯）、PP（聚丙烯）、PS（聚苯乙烯）、PMMA（聚甲基丙烯酸甲酯）等；可燃材料，如PA（聚酰胺）、POM（聚甲醛）、PET（聚对苯二甲酸乙二醇酯）、PPO（聚苯醚）等；难燃材料，如FPM（氟塑料）、PC（聚碳酸酯）、PTFE（聚四氟乙烯）、PVC（聚氯乙烯）等。大多数聚合物属于易燃、可燃材料，在燃烧时热释放速率大、热值高、火焰蔓延快，不易熄灭，有些材料还能产生浓烟和有毒气体。聚合物阻燃性能主要包括垂直燃烧性、氧指数、热释放速率、发烟量及烟密度等。

塑料氧指数测定见 GB/T 2406.2—2009《塑料 用氧指数法测定燃烧行为 第 2 部分：室温试验》，橡胶氧指数测定见 GB/T 10707—2008《橡胶燃烧性能的测定》。塑料水平和垂直燃烧法测试采用 GB/T 2408—2021《塑料 燃烧性能的测定 水平法和垂直法》。塑料烟密度测试采用 GB/T 8323.2—2008《塑料 烟生成 第 2 部分：单室法测定烟密度试验方法》。

1.2.11 聚合物老化性能及测试方法

聚合物老化是常见的现象，不同的聚合物因分子结构和组成不同而具有不同的老化性能。聚合物及其制品在长期储存、使用过程中因受到物理因素（如热、光、应力、应变、水、高能射线等）、化学因素（如氧、臭氧、氧化剂、酸、碱、盐、硫化氢等）及生物因素（如细菌、昆虫等）作用发生结构破坏，导致性能逐渐下降，最终失去使用价值。聚合物老化会缩短其制品的使用寿命。由于橡胶材料中含有不饱和双键及活泼的 α-H 或叔氢，容易发生老化，而绝大多数塑料材料不含双键及 α-H，表现出优异的耐老化性能。几乎所有的橡胶制品对耐老化性都有明确的要求。橡胶制品老化方式主要有热氧老化、臭氧老化、疲劳老化、金属离子（盐雾）催化氧化、光氧老化、生物老化、水解老化等。

聚合物老化性能的评价方法主要有自然老化和加速老化两大类。前者因时间长而很少采用，后者可以在短时间内得到材料的老化特性而受到广泛采用。目前采用的加速老化方法如下：热空气加速老化测试方法见 GB/T 3512—2014《硫化橡胶或热塑性橡胶 热空气加速老化和耐热试验》，臭氧加速老化方法见 GB/T 7762—2014《硫化橡胶及热塑性橡胶 耐臭氧龟裂 静态拉伸试验》和 GB/T 13642—2015《硫化橡胶或热塑性橡胶 耐臭氧龟裂 动态拉伸试验》，盐雾加速老化方法见 GB/T 35858—2018《硫化橡胶 盐雾老化试验方法》，人工气候加速老化方法见 GB/T 16422.2—2022《塑料 实验室光源暴露试验方法 第 2 部分：氙弧灯》等。

1.2.12 橡胶材料耐疲劳性能及测试方法

橡胶疲劳主要有拉伸疲劳、压缩疲劳和屈挠疲劳三种，压缩疲劳又分定应力压缩疲劳和定应变压缩疲劳两种。

硫化橡胶伸张疲劳的测定见 GB/T 1688—2008《硫化橡胶 伸张疲劳的测定》。屈挠疲劳（恒应变）的测定见 GB/T 1687.3—2016《硫化橡胶 在屈挠试验中温升和耐疲劳性能的测定 第 3 部分：压缩屈挠试验（恒应变型）》。屈挠疲劳测定见 GB/T 1687.4—2021《硫化橡胶 在屈挠试验中温升和耐疲劳性能的测定 第 4 部分：恒应力屈挠试验》。屈挠龟裂和裂口增长的测试见 GB/T 13934—2006《硫化橡胶或热塑性橡胶 屈挠龟裂和裂口增长的测定（德墨西亚型）》。

1.3 聚合物成型与性能测试的一般要求

制备合格的试样及确定合适的测试条件是性能测试的前提，要制备合格的试样，除了实验原材料必须合格稳定且称量准确外，还要确保加工设备满足要求，加工工艺条件合适且稳定。即使配方及原材料完全相同，不同设备、不同的人操作，制得的试样性能也可能会有明显差异，从而影响测试结果的准确性和可靠性。因此，实验原材料的存放及称量，以及实验设备、试样制备、测试条件等都要按照标准、规范的要求进行，以减少误差，提高测试结果的准确性和可比性。

1.3.1 原材料的要求

按照 GB/T 6038—2006《橡胶试验胶料的配料、混炼和硫化设备及操作程序》标准中的规定，制备橡胶试验用胶料的各种配合剂应符合国家或企业颁布的相关技术标准的规定，不合格品不能使用。凡要求加工处理（如干燥、粉碎、筛选等）后使用的配合剂，应按加工技术条件进行处理。

配合剂干燥处理后应存放于防潮密封容器内。为保证实验用胶料质量的相对稳定性，实验用原材料存放时间不要超过一年，易吸潮变质的配合剂（如氧化锌、次磺酰胺类促进剂等），储存期不能超过半年。生胶、炭黑和各种配合剂应分别存放，各种原材料应及时登记入账，注明名称、产地、数量。库房应通风，防潮，防腐，避免阳光直射，取用各种原材料时应使用专用器具和专用勺，严禁混用。

1.3.2 试样的要求

性能测试所使用的标准试样要有规定的形状、尺寸和质量要求，需要按照标准的方法去制备或在成品上裁取。橡胶性能实验所用标准试样的制备按照 GB/T 6038—2006《橡胶试验胶料的配料、混炼和硫化设备及操作程序》标准执行。该标准规定了批混炼量、配料的要求及称量的误差范围，混炼设备的要求，实验室标准开炼机、密炼机及微型密炼机混炼程序、硫化设备及硫化程序。拉伸性能、撕裂性能测试所用标准试样需要从模压硫化的标准试片中用规定形状的裁刀按照 GB/T 2941—2006《橡胶物理试验方法试样制备和调节通用程序》标准制备。

塑料及热塑性材料性能测试的标准试样可通过压塑成型后裁切（具体方法见 GB/T 9352—2008《塑料　热塑性塑料材料试样的压塑》）及通过注塑成型（具体制备方法见 GB/T 17037.1—2019《塑料　热塑性塑料材料注塑试样的制备　第1部分：一般原理及多用途试样和长条形试样的制备》）制备。

1.4 实验数据整理与误差分析

1.4.1 实验数据整理

为了测试结果的可靠性，有许多性能采用多试样平行测试方法，对平行测试结果采用合理的处理方法确定最终的测试结果。因测试试样存在不均一性及实验操作的误差会导致平行测试结果不一致，有时会出现不符合要求的数据。在数据处理之前需要判断数据的有效性。此外，各种性能因测试仪器的精度不同实际能够测到的数字（即有效数字）有所不同。

(1) 有效数据及整理

符合条件的数据称为有效数据。在性能测试过程中，通常计算全部平行实验某性能数据的平均值及偏差，超过规定偏差的数据判定为无效数据，需要剔除。HG/T 2198—2011

《硫化橡胶物理试验方法的一般要求》标准中规定用算术平均值或中位数表示实验项目的实验结果，其数据整理按以下规定进行。

① 用同一项性能的全部实验数据计算出算术平均值，计算各实验数据对算术平均值的偏差。将超过规定偏差的数据舍去，再计算剩余数据的平均值，直到每一数据对算术平均值的偏差都符合规定为止。橡胶各种性能中，撕裂强度、剥离强度（橡胶与织物，橡胶与金属）、密度、拉断永久变形、磨耗性能、耐寒系数、压缩疲劳、耐介质性、硬质胶的耐热温度、抗折断强度、冲击强度等实验结果取平均值。

② 取同一项性能全部实验数据的中位数，实验数据应按数值递增顺序排列。剔除无效数据后，若有效实验数据个数为奇数，取中间一个数值为中位数。如拉伸强度为10MPa、11MPa、12MPa、13MPa、14MPa，取12MPa为中位数；若实验数据数为偶数，则取中间两个数值的平均值为中位数，如10MPa、11MPa、12MPa、13MPa，中位数为11.5MPa。拉伸强度、拉断伸长率、定伸应力、橡胶与纤维黏合强度、压缩永久变形、压缩应力松弛、耐介质性、高温拉伸强度、高温拉断伸长率等性能的测试结果取中位数。

③ 表示实验结果平均值的试样数量不少于实验方法中规定的最少数量，否则实验数据全部作废，重做实验。

④ 实验数据的取值方法和允许偏差应符合相应实验方法标准的规定。

（2）有效数字及运算规则

有效数字的定义是对于所记录的没有小数位且以若干个零结尾的数值，从非零数字最左一位向右数得到的位数减去无效零（仅为定位用的零）的个数；对于其他的十进位数从非零数字最左一位向右数得到的位数。有效数字是分析工作中实际能够测量到的数字。通过直读获得的准确数字叫作可靠数字。把通过估读得到的那部分数字叫作存疑数字。

按照GB/T 8170—2008《数值修约规则与极限数值的表示和判定》中的四舍六入五留双规则，有效数字的舍入规则如下。

① 当保留 n 位有效数字，若第 $n+1$ 位数字 $\leqslant 4$ 就舍掉。

② 当保留 n 位有效数字，若第 $n+1$ 位数字 $\geqslant 6$ 时，则第 n 位数字进1。

③ 当保留 n 位有效数字，若第 $n+1$ 位数字 $=5$ 且后面数字为0时，则第 n 位数字若为偶数就舍掉后面的数字，若第 n 位数字为奇数加1；若第 $n+1$ 位数字 $=5$ 且后面还有不为0的任何数字时，无论第 n 位数字是奇或是偶都加1。

④ 对数的有效数字是小数点后的所有数字。遵循“四舍五入”舍入规则。科学记数法中10的 n 次方不算有效数字。

按照GB/T 8170—2008《数值修约规则与极限数值的表示和判定》规定实验结果有效数字计算规则如下。

① 加减法。以小数点后位数最少的数据为基准，其他数据修约至与其相同，再进行加减计算，最终计算结果保留最少的位数。

② 乘除法。以有效数字最少的数据为基准，其他有效数据修约至与其相同，再进行乘除运算，计算结果仍保留最少的有效数字。

（3）准确度或不确定度

一般情况下，一个测试数据中只有1个存疑数据。实验测试过程中，测试数据的末位数是估读（存疑）数据，即有效数字的最后一位是存疑数据所在的位置，因此有效数字在一定程度上反映了测量值的精确度或不确定度。测量值的有效数字位数越多，测量的相对不确定度越小，准确度越高；有效数字位数越少，相对不确定度就越大，准确度越差。

1.4.2 实验误差及产生的原因

整个实验过程包括试样制备、尺寸测量、数据计算与最终结果处理等步骤，均对最终测试结果的精确程度有影响。尽管实验目的是想得到测量真值，但真值很难得到，得到的只是一个近似值，原因是整个过程中存在误差。误差的种类主要有系统误差、随机误差和过失误差三种。

(1) 系统误差

在同一被测定量的多次测量过程中，由某个或某些因素按某一确定规律起作用而形成的、保持恒定或以可预知的方式变化的测量误差，称为系统误差。系统误差是由固定的、规律性因素引起的误差。系统误差决定了分析结果的准确度，可通过校正进行弥补。系统误差产生原因主要有方法误差、仪器误差、环境误差、操作误差和试剂误差。例如，方法不完善带来的方法误差，试剂不纯带来的试剂误差，仪器精密度不够带来的仪器误差，环境的温、湿度和灰尘等带来的环境误差，操作者操作不规范或主观偏见带来的操作误差。

(2) 随机误差

在同一被测定量的多次测量过程中，由许多未能控制或无法严格控制的因素随机作用而形成的、具有相互抵偿性和统计规律性的测量误差，称为随机误差。由于各种不确定因素造成这种误差没有规律性，所以通过增加测定次数，合理取舍实验数据来减少这种误差。

(3) 过失误差

由于测量人员的过失，在测量过程中出现的明显超出指定条件下所预期的随机误差和系统误差的误差，称为过失误差。如称量时试样倒在外面、看错刻度、漏称等。这种误差的数值在数据处理时应舍去。

1.4.3 准确度与误差

准确度是在一定实验条件下多次测定的平均值与真实值相符合的程度。误差指的是测量值与被测定量真值之差。误差越大，准确度越低；反之，准确度越高。所有误差中系统误差对准确度的影响最大。

2 聚合物成型工艺实验

在现代工业生产中，聚合物成型加工性能越来越受到人们的重视。聚合物制品除了要求合适的配方来满足性能要求外，还必须要有匹配的、能够实现的成型加工工艺作为保障。为提升产品质量、提高生产效率、减少浪费、降低成本，就要严把半成品质量关。落实好聚合物材料成型加工性能研究和评价，对实际生产具有十分重要的意义。

对橡胶制品而言，绝大多数橡胶产品都要经过炼胶和硫化两个加工过程，也是决定产品质量和性能的两个非常重要的生产环节。有些结构复杂的产品（如轮胎、胶带、胶管等）还要进行压延、挤出成型等加工过程。

对塑料制品而言，大多数产品需要提前将塑料与配合剂混合通过螺杆挤出造粒，然后分别采用压塑、注塑、压注、吹塑、挤出、压延、滚塑、滴塑、吸塑、搪塑等成型工艺方法制备不同形状、尺寸和性能的塑料制品。在塑料成型过程中，塑料原料、生产设备及工艺条件是决定产品质量的关键因素。无定形塑料及橡胶材料成型加工方法与温度的关系如图 2-1 所示。

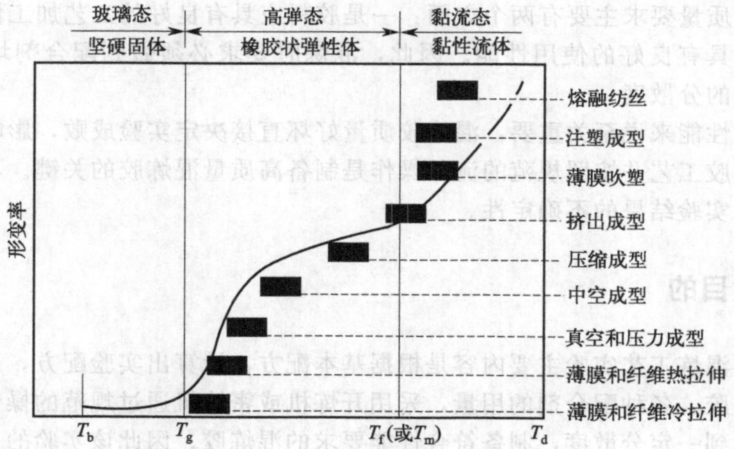

图 2-1 无定形塑料及橡胶材料成型加工方法与温度的关系

T_b—脆化温度；T_g—玻璃化转变温度；T_f—黏流温度；T_m—熔点；T_d—分解温度

工业化大生产所采用的成型方法及工艺条件是基于产品实验室开发阶段获得的研究结果

而形成的。在实验室，建立材料成型-结构-性能的关系是产品规模化生产的理论基础。进行聚合物成型工艺实验，掌握操作要领及过程控制方法，熟知影响产品质量的因素，是技术人员的必备技能。

鉴于实验设备与实验场所等条件的限制，本章主要介绍橡胶的炼胶和模压硫化这两个最基本的成型工艺实验方法，以及塑料的混合、塑炼、压制、挤出、注塑等常用的成型工艺实验方法。

实验 2.1 橡胶配合与混炼

2.1.1 概述

对于橡胶材料，生胶因性能较差而不具备直接使用性能，需要添加硫化体系配合剂（如硫化剂、助硫化剂、促进剂、活化剂、防焦剂、抗返原剂等）使橡胶线型大分子在一定温度下较短时间内交联成三维网状结构，从而提高力学性能、稳定制品的形状和尺寸、改善耐温性；需要添加炭黑、白炭黑、陶土、碳酸钙等补强填充配合剂来提升橡胶材料的强度、耐磨性、抗形变性，降低成本；需要添加物理或化学防老剂以延缓橡胶老化，延长制品的使用寿命；并可通过添加油、树脂等增塑剂改善胶料的流动性，以及添加分散剂等来改善胶料中填充剂的分散度及分散均匀性。故橡胶的配方组成非常复杂。

根据制品的性能要求、加工工艺和成本要求选择合适的生胶和各种配合剂，并按照一定比例混合在一起，采用规范的实验设备及操作工艺方法制备出实验所需的试样。为了确保实验结果的准确性及可靠性、可比性，混炼设备、工艺条件、操作流程及操作方法都必须规范。

在炼胶设备上将各种配合剂加入生胶中混合均匀制成混炼胶的工艺过程称为混炼。混炼胶质量对胶料进一步加工和成品质量具有决定性的影响。混炼不好，胶料会出现配合剂分散不均匀，胶料可塑度过高或过低，出现焦烧、喷霜等现象，使后续的压延、挤出、硫化等工序不能正常进行，导致成品合格率下降，性能变差。

对混炼胶的质量要求主要有两个方面：一是胶料应具有良好的工艺加工性能（可塑性）；二是能保证成品具有良好的使用性能。因此，混炼时要求必须做到配合剂均匀混合到生胶中，并达到一定的分散度。

混炼对橡胶性能来说至关重要，混炼胶质量好坏直接决定实验成败，影响新产品开发周期。严格控制炼胶工艺并按照规范的流程操作是制备高质量混炼胶的关键。不同的人因操作习惯差异会带来实验结果的不确定性。

2.1.2 实验目的

橡胶配合与混炼工艺实验主要内容是根据基本配方，计算出实验配方，采用合适的称量装备准确称量生胶、各种配合剂的用量，采用开炼机或密炼机通过规范的操作将配合剂与生胶混合均匀并达到一定分散度，制备符合性能要求的混炼胶。因此该实验的目的是：使操作者熟悉并掌握橡胶配合方法，掌握基本配方和实用配方的换算方法，熟练掌握开炼机混炼和密炼机混炼的操作方法，深入了解开炼机和密炼机混炼的工艺条件及影响因素，培养操作者独立进行混炼操作的能力。

2.1.3 实验设备及工作原理

2.1.3.1 开炼机混炼设备及工作原理

GB/T 6038—2006《橡胶试验胶料的配料、混炼和硫化设备及操作程序》规定的标准实验室开炼机主要技术参数如下：

辊筒直径（外径，mm）：150～155；辊筒长度（两挡板间，mm）：250～280；

前辊筒（慢辊）转速（r/min）：24±1；辊筒速比（优先采用）：1.0：1.3；

两辊筒间隙（可调，mm）：0.2～8.0；控温偏差：±5℃。

应配有安全设施，防止事故发生；应具有循环加热、冷却系统。

注意：如使用其他规格开炼机，需要调整批混炼量和混炼周期；若辊筒速比不是1.0：1.3，需要调整混炼程序。

开炼机主要由机座、温控系统、前后辊筒、紧急刹车装置、挡胶板、接料盘，以及调节辊距大小的手轮、齿轮、电机等部件组成。开炼机结构示意如图2-2所示。

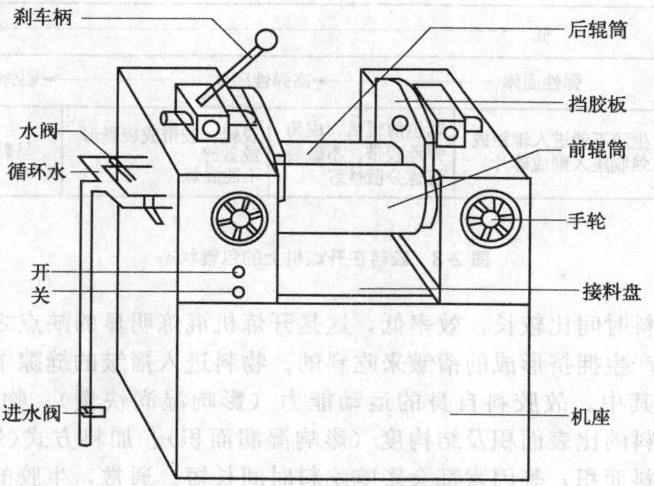

图2-2 开炼机结构示意

开炼机混炼的工作原理是利用两个平行排列的中空辊筒，以不同的线速度相对回转，加胶包辊后，在辊距上方留有一定量的堆积胶，堆积胶与随前辊筒返回的胶料发生拥挤、褶皱产生许多缝隙。配合剂颗粒进入缝隙中，被橡胶包住，形成配合剂团块，随胶料一起通过辊距时，由于两辊筒线速度不同，胶料通过辊缝间隙时产生速度梯度，形成剪切力，橡胶分子链在剪切力的作用下被拉伸，产生弹性变形，其中高分子链段因运动能力差、应力松弛慢而产生断裂破坏，使胶料分子量降低，同时配合剂团块也会受到剪切力作用而破碎成小团块。胶料通过辊距后，由于流道变宽，被拉伸的橡胶分子链恢复卷曲状态，将破碎的配合剂团块包住，使配合剂团块稳定在破碎的状态，配合剂团块变小。胶料再次通过辊距时，配合剂团块进一步减小，胶料多次通过辊距后，配合剂在胶料中逐渐分散开来。采取左右割刀、薄通、打三角包等翻胶操作，配合剂在胶料中进一步分布均匀，从而制得配合剂分散均匀并达到一定分散度的混炼胶。

开炼机混炼的工艺过程包括加胶包辊、吃料、翻炼、薄通、下片等操作，其中包辊是混炼顺利进行的前提。胶料的包辊性好坏会影响混炼时吃粉快慢、配合剂分散，如果包辊性太差，甚至无法混炼。翻炼和薄通操作是配合剂分散开并均匀分散的保证。胶料的包辊性与生胶的基本性质、混炼温度、辊速及速比、辊距大小等有关。胶料包辊的动力来自橡胶分子链通过辊距间隙受剪切拉伸产生的弹性回缩力。生胶的拉伸强度高、断裂拉伸比大、最大松弛时间长，弹性回缩力保持时间长，包辊性好。升高温度会降低胶料拉伸强度，缩短最大松弛时间，包辊性变差。增大速比或减小辊距能提高剪切速率，使弹性回缩力增大，相当于延长了最大松弛时间，胶料包辊性改善。故胶料在开炼机上的包辊状态为如图 2-3 中所示的 3 区脱辊状态，可通过调速、减小辊距或通冷却水降温等操作使其恢复包辊。

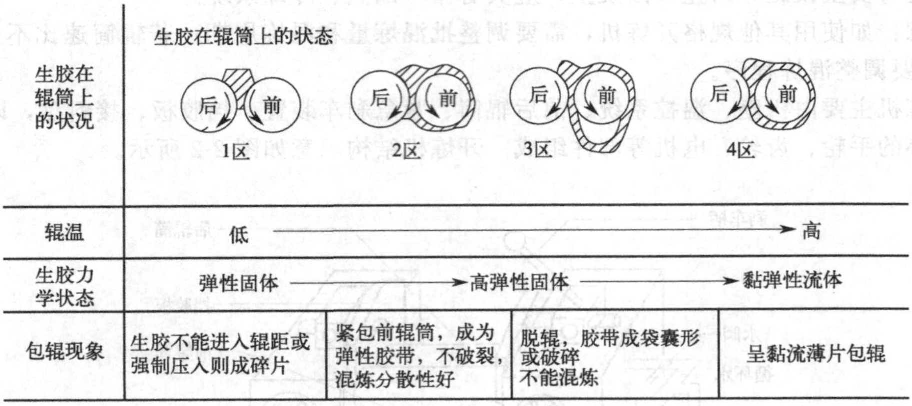
生胶在辊筒上的状态
生胶在辊筒上的状况
后
前
1区
2区
3区
4区
辊温
低
高
生胶力学状态
弹性固体
高弹性固体
黏弹性流体
包辊现象
生胶不能进入辊距或强制压入则成碎片
紧包前辊筒，成为弹性胶带，不破裂，混炼分散性好
脱辊，胶带成袋囊形或破碎不能混炼
呈黏流薄片包辊

图 2-3 胶料在开炼机上的包辊状态

开炼机混炼吃料时间比较长，效率低，这是开炼机混炼明显的缺点之一。开炼机混炼是靠堆积胶与返回胶产生拥挤形成的褶皱来吃料的。物料进入褶皱的缝隙中，胶料在物料表面湿润，将物料包裹其中。故胶料自身的运动能力（影响湿润快慢）、物料与橡胶的相容性（影响湿润性）、物料的比表面积及结构度（影响湿润面积）、加料方式（影响吃料面积）、堆积胶的量（影响吃料面积）等因素都会影响吃料时间长短。通常，生胶的门尼黏度低或辊筒温度高，胶料运动能力强，吃料快，混炼时间短；物料与生胶的相容性好，湿润性好，吃料速度快；物料比表面积大、结构度高，需要湿润的面积大，吃料慢；沿辊筒轴线方向摆动加料，所有的堆积胶同时吃料，比定点加料吃料快；堆积胶量过多，在辊筒间不翻转，吃料面积减小，过少则形成的褶皱少，容易漏料，吃料慢。故对高门尼黏度的生胶，先机械塑炼降低门尼黏度再混炼，炼胶开始时辊筒温度高一些，合适的堆积胶、摆动胶料均可以缩短吃料时间，从而缩短混炼时间，减少橡胶分子链的断裂破坏。如果炼胶量比较大，可在加料前抽取一部分胶料放在接料盘上，使辊筒间堆积胶的量合适，待吃料结束后再将抽取的胶料加入混炼，可较大幅度缩短吃料时间。

切割翻炼的操作方法有多种，如直割法、斜割法、打卷法、抽胶法、三角包法等。不同的翻炼方法得到的混炼胶的质量和性能可能不一样。在有对比的实验中，翻炼方法应一致。

2.1.3.2 密炼机混炼设备及工作原理

实验室标准密炼机有三种类型：A_1 型和 A_2 型属于切线型转子密炼机，B 型属于啮合型转子密炼机。其他类型密炼机也可以。使用不同类型密炼机最终所得混炼胶性能不同。实验室用标准密炼机及微型密炼机的参数如表 2-1 所示。

表 2-1 实验室用标准密炼机及微型密炼机的参数

密炼机的技术特征		切线型转子密炼机		啮合型转子密炼机	非啮合转子
		A_1 型	A_2 型	B 型	微型密炼机
额定混炼容量/cm^3		1170±40	2000	1000	64±1
转子转速/(r/min)		77(110)±10	40±10	55	60～63
转子摩擦比		1.125∶1	1.2∶1	1∶1	1.5
转子间隙/mm	新	2.38±0.13	4.0±1.0	2.45～2.50	—
	旧	3.70	—	5.0	—
每转消耗功率/kW		0.13		0.227	—
上顶栓压力/MPa		0.5～0.8	0.5～0.8	0.3	—

注：通常使用 A_1 型；微型密炼机混炼的胶料仅供硫化仪及 150mm×75mm×2mm 硫化试片。

实验室标准密炼机除了两个相对回转的转子外，还应配有以下装置：测温系统（便于显示记录温度变化，精确至1℃）、计时装置（显示操作时间，精确至±5s）、指示和记录消耗的功率和转矩的系统（监控混炼过程）、有效的加热和冷却系统（便于控制转子和密炼室内壁表面温度）、上顶栓、下顶栓（便于封闭胶料）、排气系统、安全装置和排料装置。同时，还需配有标准实验室开炼机，用于压实胶料并出片。

转子的表面有螺旋状突棱，突棱的数目有二棱、四棱、六棱等，转子的断面几何形状有三角形、圆筒形或椭圆形三种，有切线式和啮合式两类。测温系统由热电偶组成，主要用来测定混炼过程中密炼室内温度的变化；加热和冷却系统主要是为了控制转子和混炼室内腔壁表面的温度。密炼机密炼室结构示意如图 2-4 所示。

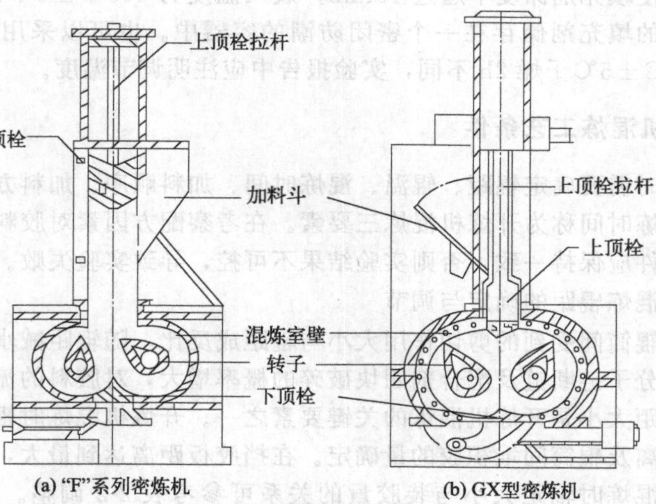

(a) "F"系列密炼机　　(b) GX型密炼机

图 2-4 密炼机密炼室结构示意

密炼机工作时，两转子相对回转，将来自加料口的物料夹住带入辊缝后受到转子的挤压和剪切，穿过辊缝后碰到下顶栓尖棱被分成两部分，分别沿前后室壁与转子之间缝隙再回到辊隙上方。在绕转子流动的一周中，物料处处受到剪切和摩擦作用，使胶料的温度急剧上升，黏度降低，增加了橡胶在配合剂表面的湿润性，使橡胶与配合剂表面充分接触。配合剂团块随胶料一起通过转子与转子间隙、转子与上下顶栓、密炼室内壁的间隙，受到剪切而破碎，被拉伸变形的橡胶包围，稳定在破碎状态。同时，转子上的凸棱使胶料沿转子的轴向运动，起到搅拌混合作用，使配合剂在胶料中混合均匀。配合剂如此反复剪切破碎，胶料反复产生变形和恢复变形，转子凸棱的不断搅拌使配合剂在胶料中分散均匀，并达到一定的分散度。由于密炼机混炼时胶料受到的剪切作用比开炼机大得多，炼胶温度高，使得密炼机炼胶的效率大大高于开炼机。

2.1.4 实验条件

2.1.4.1 批混炼量

批混炼量是指一次加工所制得的胶料总量。开炼机、密炼机及微型密炼机混炼制备胶料的批混炼量规定如下。

除了在聚合物评估程序中另有规定外，实验室开放式炼胶机标准批混炼量为基本配方量的 4 倍，以克（g）计。若采用较小的批混炼量，其结果可能不同。

标准密炼机、微型密炼机的批混炼量以克（g）计应等于密炼机额定混炼容量（总混炼室容积乘以填充系数，切线型转子密炼机填充系数以 0.75 为宜）［以立方厘米（cm^3）计］乘以混炼胶的密度。

2.1.4.2 称量前填充剂的调节

配方中如果有炭黑、白炭黑、碳酸钙、陶土、高岭土等填充剂（填充剂俗称填料）时，由于长时间存放过程中吸潮等原因造成含水率较高，影响称量的准确性。因此除非另有规定，填充剂在称量前需要进行适当的调节。调节方法为：将填充剂放置在一个开放的尺寸适宜的容器中，以使填充剂深度不超过 10mm，放入温度为 105℃±5℃的烘箱中加热 2h。冷却后，将调节好的填充剂储存在一个密闭防潮的容器中。也可以采用 125℃±3℃干燥 1h，结果可能与 105℃±5℃干燥 2h 不同，实验报告中应注明调节温度。

2.1.4.3 开炼机混炼工艺条件

开炼机混炼时需要确定辊距、辊温、混炼时间、加料顺序、加料方式等工艺条件，其中辊距、辊温、混炼时间称为开炼机混炼三要素。在考察配方因素对胶料性能的影响时，各胶料的混炼工艺条件应保持一致，否则实验结果不可控，导致实验失败。

（1）开炼机混炼辊距的确定与调节

由于胶料在辊筒间受到的剪切作用大小与辊距成反比，随辊距减小，剪切速率增大，橡胶包辊性改善，分子链断链及配合剂团块破碎的概率增大，对胶料的流动性及配合剂分散性影响很大，故辊距大小是开炼机混炼的关键要素之一。开炼机混炼时辊距大小根据胶种、炼胶量、挡胶板距离及辊筒间堆积胶的量确定。在挡胶板距离达到最大，辊筒间堆积胶合适的情况下，开炼机混炼时辊距大小与装胶量的关系可参考表 2-2 调整。天然胶与合成胶并用时，并用比例相等，总胶量可按天然胶来定辊距；合成胶大于天然胶比例时，总胶量可按合成胶定辊距。

表 2-2 开炼机混炼时辊距大小与装胶量的关系

装胶量/g	300	500	700	1000	1200
天然胶/mm	1.3±0.2	2.2±0.2	2.8±0.2	3.8±0.2	4.3±0.2
合成胶/mm	1.1±0.2	1.8±0.2	2.0±0.2		

辊距校准的方法：准备两根铅条和一块混炼胶。铅条长至少 50mm、宽 (10±3)mm；厚度比想测量的辊距大 0.25～0.50mm；混炼胶尺寸约 75mm×75mm×6mm，其门尼黏度值应大于 50。先将辊筒温度调节至混炼所要求的温度，再根据手轮指针将辊距大致调至所需数值，把两根铅条分别插入辊筒两端距挡胶板约 25mm 处，同时把混炼胶从两辊筒中心部位通过，然后用精度为 0.01mm 厚度计测两根铅条上三个不同点的厚度。若厚度超过允许偏差，适当调整辊距后再按前述方法测定调整后的辊距，至符合辊距要求为止。辊距允许的偏差为±10%或 0.05mm，以较大值为准。

(2) 开炼机混炼辊温的确定与调节

每种生胶都有其适宜的炼胶温度。辊筒温度影响胶料的流动性、吃料快慢、配合剂分散及胶料的包辊性，故辊筒温度也是开炼机混炼的要素之一。开炼机混炼过程中，因胶料黏弹性及与辊筒的摩擦会消耗功而转变成热能，导致辊筒温度不断升高，配合剂的分散性变差，故混炼过程中需要调整冷却水流量来控制辊筒温度保持稳定。混炼过程中要经常采用滚轮测温计测辊筒表面的温度，控制温度在允许的偏差范围内。开炼机混炼辊温的允许偏差为±5℃。不同胶料混炼时辊筒温度要求见表 2-3。

表 2-3 不同胶料混炼时辊筒温度要求

胶种	辊温/℃		胶种	辊温/℃	
	前辊	后辊		前辊	后辊
天然胶	55～60	50～55	顺丁胶	40～60	40～60
丁苯胶	45～50	50～55	三元乙丙胶	60～75	80～85
氯丁胶	35～45	40～50	氯磺化聚乙烯	40～70	40～70
丁基胶	40～45	55～60	氟橡胶	77～87	77～87
丁腈胶	≤40	≤45	丙烯酸酯橡胶	40～55	30～50

(3) 开炼机混炼时间的确定

对某一配方胶料来说，开炼机混炼有一最佳的混炼时间。时间过短，配合剂分散性不好；时间过长，橡胶分子链断链性能下降。混炼时间长短取决于吃料快慢及炼胶量，吃料快的混炼时间短一些，吃料慢的混炼时间长一些，炼胶量大，混炼时间长。对天然橡胶，开炼机混炼总时间在 15～20min 比较合适，不宜超过 30min。一般而言，加胶包辊时间 2～3min，用量较少的助剂包辊时间 2～3min，填充剂包辊时间 5～10min，液体增塑剂包辊时间 2～3min，硫化剂包辊时间 2～3min。

(4) 开炼机混炼的加料顺序

混炼时加料顺序应遵循以下原则：用量少、作用大的配合剂先加；在胶料中难分散的配合剂如氧化锌和固体软化剂（如石蜡、松香、树脂）先加；分解温度低、化学活性大、对温度敏感的配合剂要后加；硫化剂和促进剂要分开加。

天然橡胶开炼机混炼的一般加料顺序如下：生胶（塑炼胶、母炼胶、再生胶）→固体软化剂→促进剂、活化剂、防老剂、防焦剂等→填充剂（炭黑、陶土、碳酸钙等）→液体油料（石蜡油、环烷油、芳烃油等）→硫化剂。液体软化剂用量较少时，也可在填充剂之前加，合成胶配方中填充剂和油料的用量较大，油料只能放在填充剂之后加或与填充剂交替分批投加。某些特殊配方，加料顺序可以适当调整，如硬质胶中硫黄用量多，应在其他配合剂之前加，以保证混合均匀；海绵胶料混炼时油料应在加入硫黄之后添加；丁腈橡胶混炼时，由于硫黄与丁腈橡胶相容性差，难分散，因此硫黄应在各种配合剂之前加。如果配方中有白炭黑，白炭黑应在加胶之后，其他配合剂之前分批加入，保证白炭黑分散均匀。

(5) 加料方式

采用摆动加料可以缩短吃料时间及混炼总时间。

2.1.4.4 密炼机混炼工艺条件

密炼机混炼时需要确定填充系数、转子转速、起始温度及排胶温度、上顶栓压力、冷却水温度、加料顺序、混炼时间等工艺条件。实验室标准密炼机混炼胶料，填充系数天然胶取0.7～0.8，合成胶取0.6～0.7；转子转速（70±10）r/min；冷却水温度45～50℃；起始温度和排胶温度根据混炼工艺方法确定，天然橡胶传统一段混炼时，如在密炼机中加硫化剂，起始温度45℃左右，排胶温度不超过120℃；如在开炼机上加硫化剂，起始温度可设定为60℃左右，排胶温度不超过130℃。如果胶料中有白炭黑及硅烷偶联剂，需要在密炼机中发生硅烷化反应，起始温度可设定为90℃，排胶温度145～155℃。上顶栓压力控制在0.6～0.8MPa，快速密炼机不宜超过1MPa。

2.1.5 实验步骤

2.1.5.1 开炼机混炼实验步骤

(1) 配制

根据实验基本配方及批混炼量，计算出聚合物和各种配合剂的实际用量，采用合适的衡器准确称量生胶或母炼胶、除液体软化剂以外（液体软化剂在炼胶时现用现称量）的各种配合剂的量，观察生胶和各种配合剂的颜色与形态。

配料应在标准温度和湿度下进行。当日配完的实验胶料，应当日用完，不得过夜。若确实需要过夜，应存放于干燥器内。实验室应配备精确度为±0.01g，量程为100g、200g、500g的电子或托盘天平和5kg台秤。聚合物和填充剂的称量应精确至1g，油类应精确至1g或±1%（以精确度高的为准），硫化剂和促进剂精确至0.02g，氧化锌和硬脂酸精确至0.1g，其他配合剂应精确至±1%。

(2) 检查

检查开炼机辊筒及接料盘上有无杂物。

(3) 开机

开动机器，检查设备运转是否正常，以热水预热辊筒至规定的温度。

(4) 辊距调整

将辊距调至规定大小，并确保两端辊距相差不大，调整并固定挡胶板的位置。

(5) 操作

将塑炼好的生胶沿辊筒的一侧放入开炼机辊筒中，采用捣胶、打卷、打三角包等方法使胶均匀连续地包于前辊；在辊距上方留适量的堆积胶，经过2～3min的滚压、翻炼，形成光滑无隙的包辊胶。

(6) 割刀要求

按下列加料顺序依次沿辊筒轴线方向均匀加入各种配合剂，每次加料后，待其全部吃进去后，左右3/4割刀各两次，两次割刀间隔20s。

加料顺序：用量较少的助剂（固体软化剂、活化剂、促进剂、防老剂、防焦剂等）→用量较多的助剂（炭黑、填充剂等）→液体软化剂→硫黄和超速级促进剂。

(7) 薄通

将辊距调整到0.5mm，加入胶料薄通，并打三角包，薄通5遍。

（8）下片

按试样要求，将胶料压成所需厚度，下片称重，计算误差。误差不超过+0.5%，不低于-1.5%。

（9）放置

放置于平整、清洁、干燥的存胶板上冷却至室温（记好压延方向、配方编号）待用。冷却的混炼胶要用铝箔或塑料薄膜包覆防止表面被污染。

（10）关机

关闭主机，切断电源，同时关闭水阀，清洗机台和地面。

注意：练习实验操作，也可以将生胶、炭黑等填充剂、液体软化剂等提前混炼制成母炼胶，再用母炼胶练习混炼操作。

2.1.5.2 密炼机混炼实验步骤

（1）配方

按照密炼机密炼室的容量和合适的填充系数（0.6～0.7），计算一次炼胶量和实际配方。

（2）称量

根据实际配方准确称量配方中各种原材料，将生胶、活性剂、促进剂、防老剂、固体软化剂、补强填充剂、液体软化剂、硫黄等分别放置，在置物架上按顺序排好。

注意：微型密炼机混炼时，聚合物和填充剂的称量应精确至0.1g；油类应精确至0.1g或±1%（以精确度高的为准）；硫化剂和促进剂精确至0.002g；氧化锌和硬脂酸精确至0.01g，所有其他配合剂应精确至±1%。

（3）检查

打开密炼机电源开关及加热开关，给密炼机预热，同时检查风压、水压、电压是否符合工艺要求，检查测温系统、计时装置、功率系统指示和记录是否正常。

（4）预热

密炼机按要求温度进行加热，达到规定温度后稳定一段时间，确保预热充分。

（5）加料

提起上顶栓，将已切成小块的生胶从加料口投入密炼机，落下上顶栓，炼胶1min后提起上顶栓，加入用量较少的助剂，落下上顶栓混炼1.5min。提起上顶栓，加入三分之二炭黑或填充剂，落下上顶栓混炼3min。然后提起上顶栓，加入剩余三分之一炭黑或填充剂及液体软化剂，落下上顶栓混炼1.5min。再次提起上顶栓，扫车，落下上顶栓混炼1min。

（6）排胶

打开上顶栓，排出胶料，用热电偶温度计测胶料的温度，记录密炼室初始温度、混炼结束时密炼室温度及排胶温度，最大功率、转子的转速。

（7）开炼机加硫黄

将开炼机的辊温控制在50℃±5℃，辊距调到3.8mm，打开电源开关，使开炼机运转，打开循环水阀门，再将从密炼机排出的胶料投到开炼机上过辊4次，每次过辊后沿混炼胶纵向对折，并让胶片总以同一方向过辊以获得压延效应。调整辊距到2.2mm加胶包辊，待胶料温度降到110℃以下，加入硫黄，待硫黄全被吃进去，左右割刀各二次，胶料表面比较光滑，割下胶料。

（8）下片

将开炼机辊距调到0.5mm，投入胶料薄通，打三角包，薄通5遍，将辊距调到2.4mm左右，投入胶料包辊。待表面光滑无气泡，下片，称量胶料的总质量，放在平整、洁净金属表面上冷却至室温，贴上标签注明胶料配方编号和混炼日期，停放待用。

需分阶段混炼的胶料，在进行第二段混炼操作前将混炼胶至少停放 30min，或直到胶料达到标准温度为止。两个混炼阶段之间最长停放时间为 24h。分段混炼，下一次混炼前要将前一次混炼的胶料剪成条状，便于投料。

微型密炼机的操作与标准密炼机基本相同，混炼前混炼室温度应达到规定温度至少 5min，转速调整为 60～63r/min。密炼机混炼排胶后立即将胶料置于温度为 50℃±5℃、辊距为 0.5mm、速比为 1∶1.4 的开炼机上过辊两次，调节辊距为 3mm 再过辊两次。

密炼机每批混炼工艺实验报表应记录：开始混炼时温度、混炼时间、转子转速、上顶栓压力、排胶温度、功率消耗、混炼胶质量与原材料总质量的差值及密炼机类型。

注意：开始混炼实验时，可先混炼一个与实验胶料配方相同的胶料调整密炼机的工作状态，再正式混炼；对同一批混炼胶料，密炼机的控制条件和混炼时间应保持相同。

2.1.6 影响因素

2.1.6.1 影响开炼机混炼效果的因素

影响开炼机混炼效果的因素主要有胶料的包辊性、装胶容量、辊温、辊距、辊筒速比与辊速、加料顺序、加料方式及混炼时间等，其中辊距、辊温、混炼时间影响最大。

(1) 胶料的包辊性

胶料的包辊性好坏是混炼过程能否顺利进行的决定性因素，胶料包辊性差或在混炼过程中脱辊，无法正常加料，物料容易掉落到接料盘上，导致吃料时间延长，配合剂也分散不好，混炼胶质量差，硫化胶的性能比较差。包辊性太好也不利于操作，胶料包紧力大，在切割翻炼时胶料弹性回缩大，容易击打操作者的手部，物料容易崩飞，造成质量损失。

(2) 装胶容量

装胶容量过大，增加了堆积胶量，使堆积胶在辊筒间隙上方自行打转，影响配合剂的“吃入”和分散效果，延长混炼时间，胶料的物性下降，同时会增大能耗。如果装胶量过少，堆积胶没有或太少，粉料混入困难，生产效率下降。因此，开炼机混炼时装胶量要合适。可根据经验用式(2-1) 计算装胶容量：

$$Q=K\cdot D\cdot L\cdot \rho \tag{2-1}$$

式中 Q——装胶量，g；

K——装料系数，K 取 (0.0065～0.0085) L；

D——辊筒直径，cm；

L——辊筒工作部分的长度，cm；

ρ——胶料的密度，g/cm^3。

当炼胶量较少时，为了保证辊距上方留有适量的堆积胶，可通过调整挡胶板的距离来实现。

(3) 辊距

减小辊距有利于配合剂的分散，但橡胶分子链受剪切断裂的机会也增大，容易出现过度塑炼，橡胶分子量下降得过低，胶料的力学性能降低。辊距过大，剪切作用太小，配合剂不易分散，给混炼操作带来困难。因此，开炼机混炼时，辊距要合适。

(4) 辊筒速比与辊速

辊筒速比和辊速增大，对混炼效果的影响与减小辊距的规律一致，会加快配合剂的分散，但对橡胶分子链剪切也加剧，易过度塑炼，使胶料物性降低，使胶料升温加快，能耗增加。辊筒速比过小，配合剂不易分散，生产效率低。实验室标准开炼机混炼的辊筒速比一般在1∶1.3。

(5) 辊温

随辊温升高，有利于胶料在固体配合剂表面的湿润，粉料助剂混入速度加快；但配合剂团块在柔软的胶料中受到的剪切作用会减弱，不容易破碎，不利于配合剂的分散，结合胶的生成量也会减少。因此，开炼机混炼时辊筒的温度要合适。天然橡胶包热辊，前辊温度要高于后辊；而大多数合成橡胶包冷辊，前辊温度要低于后辊。

(6) 加料顺序

混炼时加料顺序不当，轻则影响配合剂分散不均，重则导致焦烧、脱辊或过度塑炼。加料顺序是关系到混炼胶质量的重要因素之一，因此加料必须有一个合理的顺序。

(7) 加料方式

加料方式不同也会影响吃粉速度和分散效果。如果配合剂连续加在某一固定位置，其他部位胶料不吃粉，相当于减少了吃粉面积，导致吃粉速度变慢，且配合剂从加入位置分散到其他地方的时间也会延长，因此也不利于配合剂的分散。加料时应将配合剂沿辊筒轴线方向均匀撒在堆积胶上，使堆积胶上都覆盖有配合剂，这样会缩短吃粉时间，也有利于配合剂在胶料中的分散，缩短混炼时间，减小对橡胶分子链的剪切破坏。

2.1.6.2 影响密炼机混炼效果的因素

密炼机混炼的胶料质量好坏，除了加料顺序外，主要取决于混炼温度、装料容量、转子转速、混炼时间、上顶栓压力和转子的类型等。

(1) 装料容量

装料容量即混炼容量，容量不足会降低对胶料的剪切作用和捏炼作用，甚至出现胶料打滑和转子空转现象，导致混炼效果不良。反之，容量过大，胶料翻转困难，使上顶栓位置不当，使一部分胶料在加料口颈处发生滞留，从而使胶料混合不均匀，混炼时间长，并容易导致设备超负荷，能耗大。因此，混炼容量应适当，通常取密闭室总有效容积的60%～80%为宜。密炼机混炼时装料容量可用下列经验公式计算：

$$Q=K \cdot V \cdot \rho \tag{2-2}$$

式中 Q——装料容量，g；

K——填充系数，通常取0.6～0.8；

V——密闭室的总有效容积，cm^3；

ρ——胶料的密度，g/cm^3。

填充系数 K 的选取与确定应根据生胶种类和配方特点、设备特征与磨损程度、上顶栓压力来确定。天然橡胶及含胶率高的配方，K 应适当加大，取0.7～0.8；合成胶及含胶率低的配方，K 应适当减小，取0.6～0.7；磨损程度大的旧设备，K 应加大；新设备要小些；啮合型转子密炼机的 K 应小于切线型转子密炼机；上顶栓压力增大，K 也应相应增大。另外，逆混法的 K 必须尽可能大。

(2) 加料顺序

密炼机混炼中，生胶、炭黑和液体软化剂的投加顺序与混炼时间特别重要，一般都是生胶先加，再加炭黑；混炼至炭黑在胶料中基本分散后再加入液体软化剂，这样有利于提高混炼效果，缩短混炼时间。液体软化剂过早加入或过晚加入，均对混炼不利，易造成分散不均匀，混炼时间延长，能耗增加。液体软化剂的加入时间可由填充系数 K 确定。硫黄和超速促进剂通常在混炼的后期加入，或排料到压片机上加，减少焦烧危险。小料（固体软化剂、活化剂、促进剂、防老剂、防焦剂等）通常在生胶后，炭黑前加入。

（3）上顶栓压力

密炼机混炼时，密炼室内的物料都要受到上顶栓从加料口施加的压力，以增加机械的摩擦剪切作用，提高对胶料的混合分散效果，促进胶料的流动变形和混合吃粉，缩短混炼时间。上顶栓的作用主要是将胶料限制在密炼室内的工作区域，并对其造成局部的压力作用，防止在金属表面滑动而降低混炼效果，并防止胶料进入加料口颈部而发生滞留，造成混炼不均匀。

上顶栓压力过大、过小均不利于混炼。上顶栓压力过小，上顶栓会在胶料的作用下上下浮动，起不到限制约束胶料的作用，不利于配合剂在胶料中的分散。上顶栓压力过大，压力直接施加在密炼机上，会增加密炼机的负荷，同时不利于胶料的翻转，减弱混炼效果。一般情况下，慢速密炼机上顶栓压力在0.5～0.6MPa，中、快速密炼机上顶栓压力可达0.6～0.8MPa，最高达到1.0MPa。

（4）混炼温度

密炼机混炼时胶料的温度难以准确测定，但与排胶温度相关性很好，故通常用排胶温度表征混炼温度，具有可比性。密炼机混炼温度过高易使胶料产生焦烧和过度塑炼现象，降低混炼胶的质量和力学性能。因此，密炼机混炼过程中必须严格控制排胶温度在规定温度以下。如果混炼温度过低，不利于混合吃粉，还会出现胶料压散现象，使混炼操作困难。

（5）转子转速

提高转子转速是强化密炼机混炼过程最有效的措施之一。转速增加一倍，混炼时间缩短一半。但转速高，胶料的生热升温加快，又会降低胶料的黏度和机械剪切效果，还会由于升温过高加快橡胶分子链的热降解，导致过度塑炼或焦烧。为适应工艺要求，可选用双速、多速或变速密炼机进行混炼。

（6）混炼时间

密炼机混炼时间比开炼机混炼时间短得多，并随着转速和上顶栓压力的增大而缩短。每个配方胶料混炼时都有一个最佳混炼时间。时间过短，配合剂分散不均匀；时间过长，会加大橡胶的热降解，产生过度塑炼现象，且会降低混炼胶的质量。通常在保证胶料质量的前提下，适当缩短混炼时间，有利于提高生产效率、节约能耗，提高胶料的力学性能。

2.1.7 实验报告

开炼机每批混炼工艺实验报表应记录以下信息：开始混炼时辊筒温度、辊筒转速、辊距、混炼时间、加料顺序、混炼胶质量与原材料总质量的差值及开炼机类型，操作者姓名、日期。

密炼机每批混炼工艺实验报表应记录：开始混炼时温度、混炼时间、转子转速、上顶栓压力、排胶温度、功率消耗、冷却水温度、混炼胶质量与原材料总质量的差值及密炼机类型，操作者姓名、日期。

2.1.8 思考题

（1）影响开炼机混炼胶料包辊性的因素有哪些？

（2）影响开炼机混炼吃料时间的因素有哪些？如何缩短开炼机混炼吃料时间？

(3) 为提高胶料中各配合剂分散效果，开炼机混炼时应如何操作？

(4) 开炼机混炼三要素是什么？

(5) 说明开炼机混炼的加料顺序。

(6) 如何鉴定混炼胶的质量？

实验 2.2 软质聚氯乙烯配合、混炼及模压成型

2.2.1 概述

聚氯乙烯塑料通常需要加入多种助剂，而且不同的配制条件下制品性能相差较大。把必要的助剂与树脂均匀混合，得到粉料、颗粒或液状分散体的过程就是配制操作。混合物料配制的质量对其成型和制品的性能有重要影响。

针对不同成型方法所用物料的要求，粒料、粉料和液状分散体配制过程都各有不同。如有添加剂的粉料常称为干混料，其配制过程较简单。粒料通常是在干混料的基础上，通过塑化和造粒而制备的。液状分散体的制备过程是把树脂和添加剂在混合设备（球磨机、三辊研磨机等）中混合而成的。

塑料模压成型是压制成型的一种方法，是塑料成型加工技术中历史最久，也是热固性塑料比较重要的成型方法之一。压制成型根据材料的性质和成型加工工艺的特征，可分为模压成型和层压成型两种。模压成型又称压缩模塑，这种成型方法是将粉状、粒状、碎屑状或纤维状的塑料放入加热的模具后加热使其熔化，并在压力作用下使物料充满模腔，形成与模腔形状一样的模制品。用模压法加工的塑料主要有酚醛塑料、氨基塑料、环氧树脂、有机硅、硬聚氯乙烯、聚乙烯和生物降解塑料聚乳酸等。

2.2.2 实验目的

(1) 熟悉聚氯乙烯塑料常用的助剂及作用。

(2) 掌握热塑性聚合物高速混合机混合和开炼机塑炼的基本方法，了解软质 PVC 的配制和造粒工艺过程。

(3) 掌握塑料的高温塑炼方法，了解塑料高温塑炼工艺条件及影响因素。

(4) 了解热塑性塑料模压成型工艺的特点、模压工艺参数对热塑性塑料制品性能的影响。

(5) 掌握聚合物基本性能测试所需标准试样制备技能。

2.2.3 实验原理

将各种组分称重后在一定温度和一定转速的高速混合机中，物料受到扩散、剪切和对流影响实现混合均匀，达到预塑化目的。混合后的物料在一定温度的开炼机上通过辊筒加热和辊筒剪切生热使辊筒上的材料熔融塑化。

2.2.4 实验方案

操作者按事先分组能够运用所学专业知识和文献资料进行充分讨论，合作完成团队工

作，并得出实证性的结论。能够针对高分子材料应用的特定需求，进行相关方案设计与优化，并在设计中体现创新意识，构建完整的解决方案。同时，针对高分子材料领域的复杂工程问题，能够以口头、文稿、图表等方式准确表达自己的观点。

2.2.4.1 PVC树脂、助剂的选择及配方设计

首先根据性能要求（制品的邵氏A硬度控制在65～85左右），能够站在环境保护和可持续发展角度思考高分子材料与工程实践的可持续性，客观评价高分子材料制备和使用过程中可能对人类环境造成的损害和隐患，合理选择所需PVC树脂、热稳定剂、增塑剂等相关助剂。

2.2.4.2 工艺路线

配方确定后，需要选择合理的工艺路线进行物料的混合均匀与最终塑炼。一般工艺路线如下：称量→混合→塑炼→试片压制。

2.2.4.3 工艺条件

称量时应充分考虑后期性能测试标准试样与压制模具填充量以及混合设备所需的最小用量，以免造成浪费。混合时应设计混合温度、转速、混合时间、加料方式、加料顺序和如何判定是否混合均匀。PVC混料的加料顺序一般如下：树脂→稳定剂→皂类稳定剂和润滑剂→增塑剂→填充剂。

塑炼时应考虑如何选定塑炼温度、辊距及安全操作注意事项。压制工艺设计应确定模具、物料装模要求（厚度、压延方向等）、模温设定、平板压力确定、预热操作、排气次数和压制时间及冷压温度、压力和时间控制等。

2.2.5 原料和仪器设备

2.2.5.1 实验原料

聚氯乙烯，增塑剂，热稳定剂，碳酸钙，润滑剂等。

2.2.5.2 实验仪器设备

高速混合机（如图2-5所示），双辊筒开炼机（如图2-6所示），平板压机（如图2-7所示），表面温度计，台秤，电子天平，模具。

图2-5 高速混合机

图2-6 双辊筒开炼机

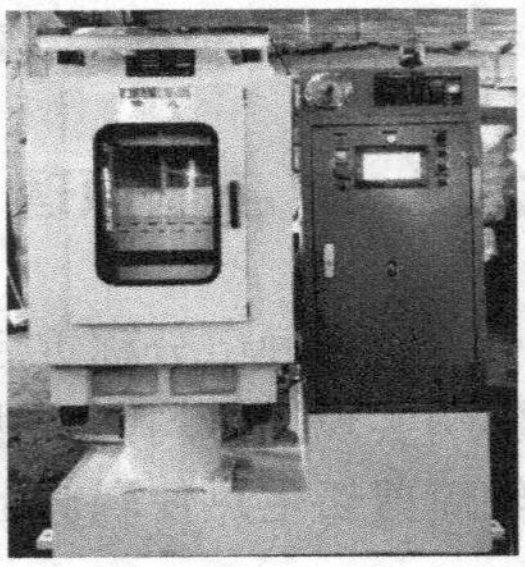

图2-7 平板压机

2.2.6 实验步骤

实验开始前，先将混合机和双辊开炼机清理干净，关闭混合机排料阀门；将双辊开炼机辊筒温度升至设定值（注意：当辊温升到100℃左右时，启动开炼机并使辊距保持在2mm左右，辊筒运转升温；实验结束时，开炼机辊距保持在2mm左右运转降温至100℃以下再关掉开炼机电源，防止辊筒发生变形）。前辊155～170℃，后辊150～165℃，恒温时间不少于10min。

2.2.6.1 拟定配方

配方设计原则是最终制品的邵氏A硬度在65～85左右，小组成员在实验预习时经过讨论应初步完成表2-4实验小组拟定的实验配方示例的工作。表2-4中材料所用PVC可以任选一种型号，热稳定剂、增塑剂和润滑剂等可选用一种或多种，并说明理由。

表2-4 实验小组拟定的实验配方示例

材料名称	配方用量/质量份	实验小组实际称料质量/g
聚氯乙烯(型号)	100	××××
热稳定剂(名称)	××××	××××
热稳定剂(名称)	××××	××××
增塑剂(名称)	××××	××××
增塑剂(名称)	××××	××××
增塑剂(名称)	××××	××××
润滑剂(名称)	××××	××××
填充剂(名称)	××××	××××
……		……

2.2.6.2 混合

按表2-4中实验小组拟定的实验配方在电子秤或天平上准确称量原料与助剂。按加料顺序将干粉料加入预热到90℃±5℃的高速混合机内（此时放料阀关闭），混合2～3min后将增塑剂通过加料孔加入混合机内，混合5～7min左右。最后，加入填充剂再混合2～3min，待混合物料温度升至100℃左右时打开放料阀放料至容器中。

2.2.6.3 塑炼

（1）在熟悉双辊筒开炼机操作规程、使用方法和安全注意事项前提下方可使用开炼机。

（2）将辊距调至0.5mm左右（依据设备上的标尺按相同方向操作），把混合好的物料在双辊间隙上方慢慢加入两个辊筒间隙，并在辊筒下方放置接料盘，以便能够将从两辊筒间隙漏下的物料尽快加到辊筒中塑炼。使两辊上有合适的堆积料，左右割刀翻炼，塑炼5～7min后可薄通两次，学会打三角包操作。当物料外观光亮、色泽均匀、截面观察不到固态或粉状物料并具有一定强度时，将辊距调整至2mm左右辊压2～3次，出片，平整放置到实验台面上，此时可以趁热将料片裁剪成需要尺寸的片状以备压制使用。

注意：整个实验过程中戴线手套，长发盘起，工作服袖口扎紧。割胶操作应在安全线以下，严禁在辊筒上方传递物品和用手整理辊筒间隙的堆积物料！严禁将割胶刀与辊筒方向一致，整理辊筒间隙的堆积物料（因为割胶刀容易卷入辊筒）！必要时可以将割胶刀与辊筒方向垂直来整理辊筒间隙的堆积物料。学会急停开关（紧急刹车）的使用。保持辊筒转动升温和降温。

2.2.6.4 压制成型

拟定成型工艺参数，包括预热的温度、时间、压力；放气次数；压制（或模压）的温度、时间、压力；冷压的温度、时间、压力。按照拟定的条件设定热板温度，将模具放到平板中对平板进行加热，达到设定温度后，将开炼机塑炼过的片状 PVC 放入模内进行预热（注意：模具要放在平板的中央，放偏容易破坏平板板面的平行度甚至造成平板断裂。预热时应该给模具适当压力，确保接触充分即可）。

根据试片厚度和配方需要设定预热时间，试片预热充分后合模，并排气 1～3 次；加压到设定压力，保压 1～5min（根据不同配方进行选择）后取出模具放入冷板中加压（压力应不低于热压时压力）冷却至 80℃以下，取出试样。

注意：清理模具时严禁划伤内腔，可采用硬度低于钢材的工具，如铜制工具或者竹片。

2.2.7 实验报告

实验报告包括：所用原辅材料名称、牌号、生产厂家；所用实验仪器的名称、型号、生产厂家及主要技术性能参数；对实验过程的混合温度、塑炼温度、压制温度、压制压力、压制时间、排气和材料外观应作出记录。

2.2.8 思考题

(1) PVC 配方设计时一定要加热稳定剂，为什么？
(2) 为什么物料需要按照一定的顺序添加？
(3) 双辊混炼过程的主要工艺参数是什么？设定工艺参数的依据是什么？
(4) 双辊混炼操作中应注意哪些重要的安全操作规程？
(5) 讨论 PVC 模压的工艺特点。
(6) 压制成型过程为什么要排气？气体来源有哪些？
(7) 制品冷却时为什么要保压？

实验 2.3 橡胶模压硫化

2.3.1 概述

硫化是混炼胶在一定的条件下经过一段时间的交联反应形成三维网状结构的工艺过程。硫化使橡胶的塑性降低，弹性增加，抵抗外力变形的能力大大增加，并提高了其物理和化学性能，使橡胶成为具有使用价值的工程材料。硫化温度、硫化压力和硫化时间称为“硫化三要素”。橡胶硫化时硫化条件要合适。硫化温度是硫化剂与橡胶发生交联反应的必要条件。硫化温度升高，硫化反应速度加快，效率提高，但过高的硫化温度会导致焦烧、返原、交联不均匀等问题出现。硫化时施加压力的目的在于提高硫化胶的致密性，防止产生气泡；提高胶料与骨架材料的黏合力；促进胶料流动，充满模腔，获得清晰的花纹；提高硫化胶的力学性能。但硫化压力不能太高，否则容易导致模具变形，设备损坏，骨架材料断裂破坏，过高的动力消耗等。硫化时间是硫化反应持续的时间，时间过短硫化不彻底，过长容易返原。硫化工艺是制备橡胶硫化试样的关键步骤，对硫化设备、模具、裁样、硫化条件等都要有明确的要求。本实验将详细介绍硫化机的工作原理，硫化机及模具的具体要求，硫化工艺操作规范及影响因素。

2.3.2 实验目的

（1）深刻理解硫化的本质和硫化工艺条件。

（2）掌握橡胶硫化条件的确定方法。

（3）了解平板硫化机的结构和工作原理，掌握裁样方法及平板硫化机操作方法。

（4）了解影响硫化的因素。

2.3.3 实验设备及工作原理

橡胶模压硫化的设备主要有平板硫化机和模具。平板硫化机的构造同塑料平板压机，由两个尺寸相同的金属热板、柱塞、液压系统、加热系统、温控系统、操作面板等构成。GB/T 6038—2006《橡胶试验胶料的配料、混炼和硫化设备及操作程序》标准规定实验用平板硫化机应具备以下要求。

（1）硫化机对模具压力应不低于 3.5MPa；硫化过程中压力应保持稳定，不能掉压。

（2）硫化机两热板加压面应相互平行，当热板在 150℃满压下闭合时，其平行度应在 0.25mm/m 范围之内。

（3）同一热板内各点间及各点与中心点间的最大温差不超过 1℃，相邻两热板之间其对应位置点的温差不超过 1℃，热板中心处的最大温度偏差不超过±0.5℃。

（4）热板采用蒸汽加热或电加热。

平板硫化机主要参考技术规格如下：最大关闭压力，20MPa；柱塞最大行程，250mm；平板面积，503mm×508mm；工作层数，一层；总加热功率，27kW。

对硫化模具的具体要求如下：模具的形状、尺寸应与所要求的测试试样相适应，材料采用中碳钢或不锈钢；模具表面应镀铬或抛光，粗糙度 Ra 不大于 1.6μm，模具的模盖与模底的厚度不应低于 10mm。

平板硫化机的工作原理：由电机驱动油泵给柱塞缸注油，油压推动柱塞上行和下热板上升，使模具与上热板接触给模具施加硫化所需的压力，使胶料流动充满模腔，达到设定压力值时电机停止，保压。通蒸汽或电加热上下热板，给模具加热，模具将热传导给橡胶，提供橡胶硫化所需的温度，使橡胶发生交联反应，形成网状结构的硫化胶。

2.3.4 实验条件

（1）混炼胶的调节条件

混炼后的胶料要在标准温度、湿度下调节 2～24h，才可进行硫化操作。为避免吸收空气中的水分，混炼胶可放置在密闭容器中或将室内相对湿度控制在（35±5）%。胶料硫化前尽可能不要返炼；需要返炼时，应按混炼时的辊温进行返炼。

(2) 硫化条件

硫化温度根据胶种及硫化体系设定，本实验硫化温度150℃，根据实际情况也可以设定为其他温度。实验室硫化试样用平板硫化机的硫化压力一般设定为10MPa。硫化时间由硫化仪测得的硫化曲线上得到的工艺正硫化时间确定。

2.3.5 实验步骤

(1) 试样处置

胶料的准备：混炼后的胶片在标准环境中停放2～24h。

(2) 温度设定与模具预热

打开电源开关，在全自动平板硫化机控制面板上设定硫化条件（温度、压力和硫化时间)。如果是手动控制的平板硫化机，设定硫化温度（150℃或其他温度），调节压力调节阀设定硫化压力（10MPa），硫化时间采用手工计时。将模具放在下平板上，合模至上模板刚好接触模具，打开加热开关开始加热设备。

(3) 胶坯的裁切

硫化前要将混炼胶按照压延方向裁切成与模腔尺寸相应的胶坯，标明序号及压延方向。胶坯质量为模腔体积乘以胶料的密度。如果是多腔模具，每个腔中的胶坯质量要相等。裁切时桌面应干净，胶坯不要拼接。裁切好的胶坯按顺序摆放。裁片方法如下。

① 片状（拉力等实验用）或条状试样。用剪刀在胶料上裁片，裁切方向遵循的原则是：试样测试时受力方向应与压延、压出方向一致。故片状试样的宽度方向与胶料的压延方向要一致。条状试样长度方向与胶料的压延方向一致。胶坯的质量按照式(2-3) 计算。

$$胶坯质量(g)=模腔容积(cm^3)\times胶料密度(g/cm^3)\times(1.05\sim1.10) \quad (2\text{-}3)$$

为保证模压硫化时有充足的胶量，胶料的实际用量比计算的量再增加5%～10%。裁好后在胶坯边上贴好编号及硫化条件的标签。片状或条状试样裁切方法如图2-8(a) 所示。

② 圆柱试样（压缩生热试样）。取2mm左右的胶片，以试样的高度（略大于）为宽度，按压延垂直方向裁成胶条，将其卷成圆柱体且柱体要卷绕紧密，不能有间隙；底面积小于模腔横截面积，总体积大于模腔体积，高度要高于模腔。在柱体底面贴上编号及硫化条件的标签。柱状和圆形试样裁切方法如图2-8(b) 所示。

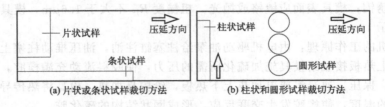

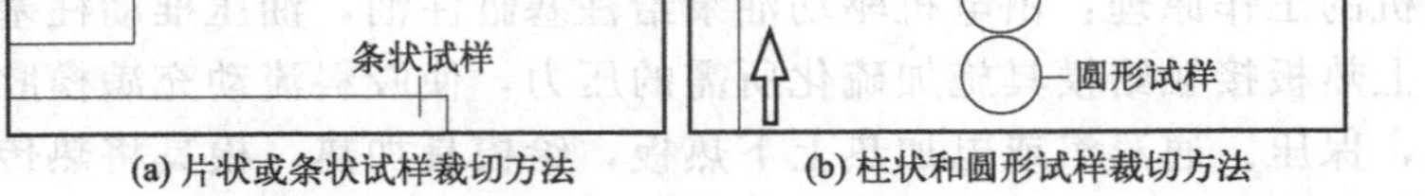

图2-8 硫化工艺胶坯裁切方法

③ 圆形试样。按照要求，将胶料裁成圆形胶片试样，如果厚度不够，可将胶片叠加而成，其体积应稍大于模腔体积，在圆形试样底面贴上编号及硫化条件的标签。

(4) 模温控制

待平板温度恒定，用温度计插入平板的测温孔中测试平板的温度，与设定温度对照，看是否一致。待模具预热至规定的硫化温度±1℃范围之内并保持20min，可以开始硫化。连续硫化时可以不再预热，更换模具一定要预热到规定温度并保持20min后才可以进行硫化操作。硫化时每层热板仅允许放一个模具。

(5) 硫化

开模，将核对编号及硫化条件的胶坯以较快的速度放入预热好的模具内，立即合模。如果是手动操作，开模后取出模具，放置在覆盖有橡胶垫的桌面上；打开模盖，快速放入胶坯，竖直方向合上模盖（禁止横向拖动模盖），将模具置于平板中央，使平板上升。当压力表指示到所需工作压力时，适当卸压排气约3～4次，然后使压力达到最大，开始计时。

对于自动平板硫化机，合模、排气、硫化时间和启模均为自动控制。

注意：①硫化期间模腔压力不得少于3.5MPa，硫化时间允许误差为±20s；②通常模具表面不适用脱模剂，如确实需要，可选用与硫化胶片不发生化学反应的隔离剂，硫化后的第一套胶片抛弃不要。适合的隔离剂有硅油或中性皂液，但硫化硅胶时不宜使用硅油。

(6) 取出试片

当硫化到达预定时间时立即泄压启模，平板一打开立即取出硫化胶片，放入室温水或低于室温水中冷却10～15min。用于电学测量的胶片应放在金属板上冷却。仔细修边，冷却好的胶片在标准温度和湿度下存放一段时间，停放时间一般不少于16h，不大于3个月。

(7) 清理

所有试样硫化结束后，打开平板，关闭电源，拉下电闸。打扫实验室卫生。

2.3.6 影响硫化的因素

对于已确定配方的胶料而言，影响硫化胶质量的因素有三：硫化压力、硫化温度和硫化时间。又称硫化三要素。

(1) 硫化压力

硫化压力通常是根据混炼胶的可塑性、试样（产品）结构的具体情况来决定。如可塑性大的混炼胶，压力宜小些；厚度大、层数多、结构复杂的混炼胶，压力应大些。硫化过程中压力应保持稳定。如果硫化过程中设备有掉压现象，则试样的致密性变差，测试的力学性能会偏低。如果是多腔模具，同时硫化多个试样，则要求每个试样的质量要尽可能一样；否则，有的试样致密，有的试样疏松。不同试片上裁切的试样测试结果不同，导致数据波动较大。

(2) 硫化温度

硫化温度直接影响着硫化反应速度和硫化胶的质量。硫化温度对硫化速度的影响十分明显。提高硫化温度可加快硫化速度，但是高温容易引起橡胶分子链裂解，从而产生硫化返原，导致力学性能下降，故硫化温度不宜过高。适宜的硫化温度要根据胶料配方而定，其中主要取决于橡胶的种类和硫化体系。

硫化过程中要求硫化温度保持稳定。如果是电加热的设备，硫化温度会受电压波动而改变。导致硫化温度发生改变的更重要的原因是装模时的操作时间，模具打开，模具温度会因散热而快速下降。如果操作时间过长，则模具温度下降过多，若不进行时间补偿的话，则硫化试样呈现欠硫现象，导致硫化胶性能下降。

(3) 硫化时间

硫化时间由胶料配方和硫化温度决定。对于给定的胶料来说，在一定的硫化温度和压力条件下，有一个最适宜的硫化时间；时间过长，胶料容易返原，时间过短则欠硫，都会影响硫化胶的性能。

适宜硫化时间的选择可通过硫化仪测定。考虑到装模时模具散热及片状试样薄、温度下降快等因素，硫化片状试样时可在硫化仪测定数据基础上延长 1～2min，圆柱形试样则延长 3～5min，防止欠硫。

2.3.7 思考题

橡胶模压硫化时需要设定哪些条件？影响硫化试样性能的硫化因素有哪些？

实验 2.4 热塑性塑料注塑成型

2.4.1 概述

注塑成型是热塑性塑料的主要成型方法之一，注塑成型方法主要有排气式注塑、流动式注塑、共注塑、无流道注塑和反应注塑等。聚碳酸酯、尼龙（尼龙是聚酰胺纤维的俗称）、有机玻璃和纤维素等易吸湿的材料特别适合排气式注塑成型；聚氨酯、环氧树脂、不饱和聚酯树脂、有机硅树脂和醇酸树脂等一些热固性塑料和弹性体则适合采用反应注塑成型。温度、压力和时间是注塑工艺的三大要素，除了考虑它们对制品的质量影响之外，还要考虑生产效率。注塑成型具有生产周期短、生产效率高、适应性强和易于实现自动化等优点，广泛应用于电气、电子、汽车、日用品、计算机和通信等领域或行业。

进行实验之前要求读者进行预习并学习以下知识：塑料注塑成型工艺学、塑料注塑机的基本组成、聚合物流变学和注塑机安全操作规程。

2.4.2 实验目的

(1) 掌握注塑机制备标准试样样条（塑料制品）的基本方法；
(2) 了解注塑机的基本结构、成型原理，掌握其基本操作方法；
(3) 了解热塑性聚合物注塑成型工艺参数对最终制品性能的影响；
(4) 聚合物流变特性与注塑模具浇口、流道及排气设计的关系；
(5) 了解塑料注塑模具基本构造、安装方式、基本设计原则并掌握注塑成型试模方法。

2.4.3 注塑成型原理

注塑成型又称注塑模塑，是将配好的树脂粒料或粉料加入注塑机料斗后，进入机筒，在外部加热和内部摩擦热的作用下，熔化成为塑化均匀、温度均匀、组分均匀的混合物，堆积在机筒内螺杆或柱塞的前部。借助螺杆（或柱塞）的推力，将已塑化好的熔融状态（即黏流态）的塑料通过喷嘴注塑入闭合好的模腔内，经冷却定型后开模获得制品的工艺过程。注塑成型是一个间歇循环的过程，主要过程是定量加料-熔融塑化-施压注塑-充模冷却-启模取件。取出塑件后又再闭模，进行下一个循环。塑料注塑机实物照片见图 2-9。

图 2-9 塑料注塑机

2.4.4 原料和仪器设备

注塑标准试样原料，高抗冲聚苯乙烯（HIPS）；塑料注塑机，标准试样模具，模温控制仪，恒温鼓风干燥箱，台秤（或电子秤），剪刀，镊子。

2.4.5 实验方案

（1）原料干燥

原料中的水分会使制品出现气泡，影响外观质量，所以需要根据原料本身特性，确定是否需要进行干燥处理。

（2）工艺路线

注塑标准样条（拉伸性能、弯曲性能、冲击性能、硬度）：工艺包括成型前的准备、注塑过程、制件的后处理三个过程。工艺流程：原料准备→物料干燥（需要时）→设定工艺参数→达到设定温度（保温一段时间）→合模→射台移动到确保喷嘴与模具充分接触位置（严禁开模状态下移动射台以防冲撞模具）→注塑→保压→熔胶（塑化）→冷却→开模→顶出→取出试样→后处理（修飞边、去料把、热处理等）。

其中，成型前的准备工作是清理料筒、清理模具和试模。试模的工作要确定塑化量、注塑压力、注塑速度、填充时间、保压压力和时间参数，同时调整注塑压力、注塑速度、填充时间、保压压力和时间，确保试样不产生缺料和飞边。

注意：试模空注时，一定要远离喷嘴，防止螺杆中物料因为黏度较小发生喷射，溅到身体上，造成烫伤。

料筒温度的设定与物料性质有关，应该高于聚合物的黏流温度（T_f）或熔点（T_m），低于分解温度（T_d）；注塑成型时喷嘴与模具直接接触，制品在模腔冷却时，喷嘴前端由于模具带来的降温会产生冷料，从而影响物料充模。另外，物料经过喷嘴时往往会受到较大剪切产生热量，因此设定温度时应做到既不影响流动也不能出现“流延”现象，还应与喷嘴结构、注塑压力等其他工艺参数的设定有关，应该在试模时做适当调整。

注意：当料筒（含喷嘴或机头）温度达到设定温度时，不要立即开机或试模，需要恒温一段时间（与残留物料性质和设备规格有关）；确保料筒中残留的物料充分受热熔融（原因是塑料热导率较小，熔融需要时间），以免贸然开机造成螺杆扭断而损坏设备。

注塑成型压力与速度控制方面涉及合模、注塑、保压、塑化（熔胶）、开模和顶出，合模整个行程设定一般采取中压快速-低压慢速（以防模具中有异物而终止并自动进行开模动作）-高压快速锁紧。开模设定采取高压慢速-中压快速-低压慢速终止。注塑压力和速度的设定应确保制品完整，不缺料也不产生飞边。保压压力不小于注塑压力，才能起到保压作用，可参考 GB/T 17037.1—2019《塑料　热塑性塑料材料注塑试样的制备　第 1 部分：一般原理及多用途试样和长条形试样的制备》的规定。塑化压力（背压）大则塑化质量好，塑化时间长，容易产生流延现象。顶出压力和速度不宜过大，以免造成顶破或顶出发白。

2.4.6 实验步骤

（1）拟定实验方案

根据原料成型工艺条件和试样质量要求，设定以下工艺参数。①树脂干燥条件（如需要）；②机筒各段温度和喷嘴温度；③合模压力与速度、注塑压力与速度、背压、熔胶量、熔胶压力、保压压力、合模压力与速度、开模压力与速度、顶出压力与速度及次数等；④注塑时间、保压时间、冷却时间；⑤制品后处理等。

（2）具体操作

将注塑机清理干净，安装好成型模具。设定料筒各段加热温度及喷嘴温度，加料段温度为 160～180℃，压缩段温度为 190～210℃，计量段温度为 210～230℃，喷嘴温度为 210～225℃，模温为 30～50℃，温度到达设定值后，恒温 20min；注塑压力为 5～10MPa，保压压力不小于注塑压力，冷却时间 15～25s。

① 仔细观察注塑机及模具的结构，了解注塑机的操作规程，了解注塑机计算机系统各参数应用，掌握工艺参数调整的步骤和方法。

② 试模：待注塑机温度达到设定值后，恒温一段时间后将塑化量和注塑压力先设定为较小值（目的是保护模具，防止模板撑开造成模具报废），料斗中加入 HIPS，启动注塑机，选择手动模式。先进行对空注塑，即在注塑机座离开模具前提下，预塑化物料，将塑化好的物料对空注塑，观察经喷嘴出来的料条外观及熔融情况。如果外观光滑明亮，无变色、银丝、气泡等现象说明温度合适，否则重新调整温度，直至温度合适为止。温度确定后进行试模：闭模-座进-注塑-保压-塑化-冷却-开模-取出试样，观察所得制品外观等；如没充满，则塑化量、注塑压力、保压压力和时间慢慢增加直到满意为止，完成试模。

③ 锁定工艺参数，采用手动方式，每组完成不少于 20 模的操作，并对试样进行编号，所得试样用于力学性能测试。

④ 做好实验记录。

⑤ 改变工艺参数，对比不同成型工艺所得制品的外观和性能。

⑥ 实验完毕，模具合起但不锁紧，留有 1～50mm 间隙，座退，将加料斗料筒剩余物料取出，并将料筒残留物料对空注塑至无料为止。关闭电源，清理实验现场。

2.4.7 实验数据记录

（1）原料和注塑机名称、牌号和生产商。

（2）各段温度、喷嘴温度和模具温度。

（3）合模压力、开模压力、注塑压力、保压压力、熔胶压力和顶出压力。

（4）保压时间、冷却时间和生产周期。

2.4.8 思考题

（1）简述注塑机的基本结构和主要参数。

（2）注塑机操作过程应注意哪些重要的安全操作规程？

（3）简述注塑成型工艺过程。

（4）注塑制品进行后处理有何作用？为什么？

实验 2.5 热塑性塑料挤出成型

2.5.1 概述

塑料挤出成型是高分子材料加工中出现较早的一门技术，至今已有 100 多年的发展历史。挤出成型是塑料材料加工最主要的形式之一，它适合于大多数塑料材料，约 50%的热塑性塑料制品是通过挤出成型完成的；同时，也大量用于化学纤维和热塑性弹性体及橡胶制品的成型；挤出成型方法能生产管材、棒材、板材、片材、异型材、电线电缆护层、单丝等各种形态的连续型产品。根据制品和原料的要求不同，采用单螺杆挤出机或双螺杆挤出机并配置各种产品所需的机头和辅机即可。

进行实验之前要求操作者预习和了解以下知识：塑料挤出成型原理，塑料挤出机的基本组成，聚合物加工原理和挤出机安全操作规程。

2.5.2 实验目的

(1) 掌握双螺杆挤出机造粒（拉条冷切）的基本方法。
(2) 了解挤出机的基本结构、成型原理，掌握其基本操作方法。
(3) 了解挤出成型工艺参数对最终制品性能的影响。
(4) 了解聚合物流变特性与挤出成型口模的关系。

2.5.3 塑料挤出成型原理

挤出成型，又称挤压成型或挤出模塑，是塑料通过挤出机料筒壁的加热和螺杆剪切生热而熔融后在挤压和剪切力的作用下，使聚合物熔体强制通过模头，制成具有一定截面形状、任意长度制品的一种成型方法。

挤出（染色）造粒工艺流程：称料混匀（自由选择色母品种，确定用量）→物料干燥（根据使用原料确定）→挤出成型→过水→冷却→牵引（使用工具如镊子）→吹干→切粒→包装。双螺杆挤出机实物照片见图 2-10。

挤出造粒时（螺杆长径比大，剪切生热贡献大）料筒温度设定比注塑成型时（螺杆长径比小，熔融主要依靠料筒加热）低 20～50℃。料筒温度高有利于塑化质量及外观，在允许的情况下，可以设定高一些。

注意：当料筒（含喷嘴或机头）温度达到设定温度时，不要立即开机，需要恒温一段时间（与残留物料性质和设备规格有关），确保料筒中残留的物料充分受热熔融（原因是塑料热导率较小，熔融需要时间），以免贸然开机造成螺杆扭断而损坏设备。

图 2-10 双螺杆挤出机实物照片

2.5.4 原料和仪器设备

聚丙烯，色母料，双螺杆挤出机，恒温鼓风干燥箱，台秤（或电子秤），剪刀，镊子。

2.5.5 实验步骤

（1）拟定实验方案

① 树脂干燥条件（如需要）。

② 设计色母与塑料配比，按配比称料混匀。

③ 工艺参数设定。

（2）准备工作

清理料斗，确保没有金属异物，同时确保喂料处双螺杆上没有堆积料。清洗水槽，加入清水，水位高度到水槽深度 2/3 左右。清理切粒机，确保没有以前实验留下的杂料。开启主机电源，打开加热电源开关，设定料筒温度、螺杆转速、喂料转速和切粒机转速。

（3）机筒各段温度设定并预热

加料段温度为 150～170℃，压缩段温度为 170～190℃，计量段温度为 190～210℃，机头温度为 180～205℃。用棉手套（或专用隔热手套）打开机头，清理机头与螺杆处的残留物料及多孔板。

（4）开机准备

手动盘车（手动盘车螺杆旋转困难时，严禁开车！应适当提高螺筒温度，待手动盘车顺利后再开车）。接通冷却水阀，打开排气真空泵、吹干机。

（5）开机

开启油泵，稳定至少 1min 后开主机（螺杆实际转速等于主机频率×6r/min，变频电机在最大频率 50Hz 时对应减速机输出到螺杆处最大速度是 360r/min），一般设定为 10～20Hz（螺杆转速为 60～120r/min）。

螺杆转动平稳后，开启喂料电机，电机频率控制在 8～15Hz（确保喂料处双螺杆上没有堆积料）；待熔融物料从口模挤出且运转平稳后，逐步缓慢地提高螺杆转速和喂料转速，由慢到快，直至所需的工艺条件。

启动切粒机，调节切粒速度，用镊子将挤出条放入水中，并牵引至水槽出口导向轮；过吹干机后再牵引至切粒机聚氨酯压轮处，进入切粒机进行切粒。

调整主机转速、喂料电机转速、切粒机转速，确保挤出塑料条粗细均匀，直径控制在 3～6mm 为宜。

（6）关机

将喂料电机转速调为零，关喂料电机，再将主机转速调至为零。关主机，再关油泵，最后关闭主机电源。

2.5.6 实验数据记录

记录实验过程的料筒各段温度、水温、螺杆转速、切粒机转速、喂料速度、塑料条直径、颗粒尺寸等实验数据。实验报告包括以下内容：

（1）所用原辅材料名称、牌号、生产厂家；
（2）所用实验仪器的名称、型号、生产厂家及主要技术性能参数；
（3）实验步骤、工艺参数及实验记录，实验现象记录及分析；
（4）开机、关机顺序；
（5）对实验的体会、意见和建议；
（6）问题讨论。

实验 2.6 复合材料层压成型

2.6.1 实验目的

（1）掌握复合材料层压板生产工艺操作和复合材料制作过程的技术要点；
（2）了解纤维布铺层方式对复合材料层压板性能的影响。

2.6.2 实验原理

复合材料层压板制备是指将浸有或涂有树脂的纤维布片材层叠，在加热加压条件下，固化成型玻璃钢制品的一种成型工艺。层压成型工艺制品已经成为不可缺少的工程材料之一。目前其在航空、航天、汽车、船舶、电信等领域得到广泛应用。主要产品有：玻璃布层压板、木质层压板、棉布层压板、纸质层压板、石棉纤维层压板、复合层压板等。其基本工艺是：纤维布经化学处理或热处理后，浸渍树脂胶液，并控制树脂含量。在一定温度、时间条件下烘干得到所需纤维胶布。胶布是生产复合材料板材、管材以及布带缠绕制品的半成品。层与层之间完全靠树脂在压力作用下加热固化而牢固黏结在一起，形成一定厚度的复合材料层压板。生产中除温度、压力因素外，预浸布树脂含量是一个重要因素。复合材料层压板工艺流程如图 2-11 所示。

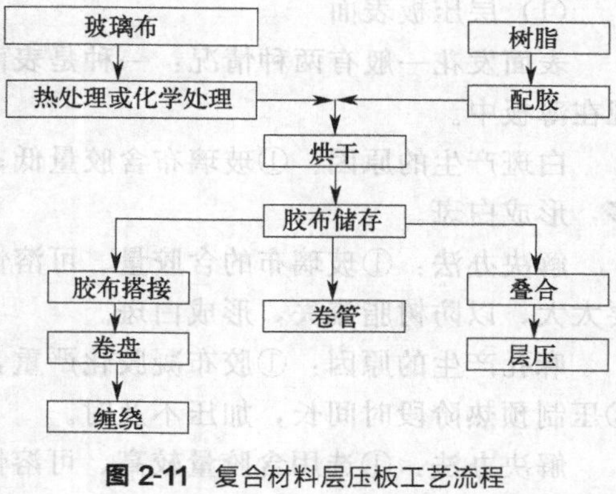

图 2-11 复合材料层压板工艺流程

2.6.3 原料和仪器设备

烘箱、热压机、环氧树脂或不饱和聚酯树脂、固化剂、玻璃布或者碳纤维布、天平、剪刀、直尺等。

2.6.4 实验步骤

（1）纤维布准备

选择玻璃纤维布或碳纤维布为增强体。

（2）制备偶联剂水溶液

浓度为1.0‰～3.0‰，树脂为酚醛树脂时，偶联剂选用KH-550。环氧树脂偶联剂选用KH-550或KH-560。不饱和聚酯树脂的偶联剂选用KH-570，但不能是KH-550。如果选择的玻璃布为后处理布或者碳纤维预浸料，则不需要本步骤。

（3）配制树脂

本实验选择环氧树脂或不饱和聚酯树脂用于浸渍玻璃布制备浸胶布。

（4）浸胶布铺装

在模具中进行铺层，准备压制。将预浸布按预定次序逐层对齐叠合，上、下面各放一张聚酯膜，并置于两不锈钢薄板之间，然后一起放入层压机中。不锈钢板应对齐以免压力偏斜，使试样厚度不均。

（5）成型

预热阶段：温度80℃，压力5.0MPa，保温20min。

保温保压阶段：将温度升到90～100℃，压力10～20MPa，时间20～30min。

降温阶段：保压降温，随层压机冷却，待温度低于60℃后可卸压脱模取出层压板，进行修边。目测层压板内部分层等缺陷。

2.6.5 实验结果与分析

（1）层压板表面

表面发花一般有两种情况：一种是表面出现白斑；另一种是表面有麻孔。表面发花易出现在薄板中。

白斑产生的原因：①玻璃布含胶量低；②胶布干燥不足，在压制时胶布上的树脂流掉较多，形成白斑。

解决办法：①玻璃布的含胶量、可溶性树脂含量要在规定的范围内；②压制初期压力不要太大，以防树脂流失，形成白斑。

麻孔产生的原因：①胶布凝胶化严重，树脂流动性差；②压制时压力过小或受压不均；③压制预热阶段时间长，加压不及时。

解决办法：①选用含胶量较高、可溶性树脂含量稍高的表面胶布；②加大成型压力，增加衬纸数量，并经常更换；③预热阶段时间不宜过长，加压要及时。

（2）层压板分层

产生原因：①胶布凝胶化严重；②胶布含胶量过小；③成型压力太低或加压过迟。

解决办法：严格检查胶布质量，不合格的胶布不要用。压制时掌握好加压时机及注意保压。

（3）板芯发黑，四周发白

产生原因：胶布可溶性含量及挥发分含量过大。预热阶段，板料四周挥发物容易逸出，而中间残留多，呈现板芯发黑，周围发白。

解决办法：降低胶布可溶性树脂含量和挥发分含量，且防止胶布受潮。

（4）胶布滑出

压制时，胶布从钢板中滑出来。在压制环氧玻璃布板时比压制环氧酚醛玻璃布板较为常见。产生原因：①胶布含胶量多；②胶布含胶量不均匀，一边高，另一边低；③可溶性树脂含量高；④压制过程中预压阶段的升温过快，起始压力过大；⑤压机本身受力不均。

解决办法：①严格控制胶布含胶量和可溶性树脂含量在规定范围内；②配布时注意胶布的搭配；③如压制时出现“滑移”情况，要及时关闭热流，保持原来的压力，注意滑移情况，待稳定后，再逐步加热加压，继续进行压制；④利用多层加热板进行加压时，将所有的加热板固定。

（5）层压板粘接钢板

产生原因：①叠料时没放面子胶布，或者面子胶布中没加脱模剂；②钢板上涂的脱模剂不均匀；③压制温度过高。

解决办法：①面子胶布中要含有脱模剂，可溶性树脂含量稍低点；②钢板上脱模剂要涂均匀，或改用聚丙烯薄膜作脱模剂；③热压温度要适当。

（6）层压板厚度不匀

层压板的厚度往往会出现一边厚一边薄、中间厚边缘薄的现象。

产生原因：①板材一边厚一边薄是由于胶布含胶量不均匀，或垫纸没垫好；②板材中间厚边缘薄是由于胶布可溶性造成的，即若树脂含量过大或预压阶段压力较小或温度高，则压制时四周流胶过多引起的。

解决办法：①胶布搭配要均匀，衬纸要垫好垫均匀；②胶布的可溶性树脂含量要控制适当，预压阶段温度不要太高，压力适当提高，使胶布在受热受压下其熔融的胶液能均匀流动，板材中间与边缘同时凝胶，以达到板材厚度所需的均匀性。

（7）层压板翘曲

产生原因：主要是热压过程中，加热板各部分的温度差引起的热应力和胶布含胶量不均匀、冷却速度过快、出模温度高以及玻璃布本身的内应力等，而引起板材翘曲。

解决办法：加热板的板面温度要均匀，胶布搭配要合理，冷却要缓慢。玻璃布要采用低捻或无捻布。

2.6.6 注意事项

（1）树脂调配中称量要准确。

（2）纤维制品裁剪要注意织物的变形。

（3）浸胶要均匀。

（4）设备要按操作流程使用。

（5）全过程要注意个人防护。

2.6.7 思考题

（1）层压板可能出现哪些缺陷？如何解决？

（2）如何提高和改进层间强度？

3

聚合物加工性能测试实验

热塑性聚合物的加工性能主要包括可挤压性、可模塑性、可纺性及可延性。热固性聚合物的加工性能还包括可反应性。聚合物的可加工性能是其得到广泛应用的前提。

聚合物可挤压性是指聚合物通过挤压作用获得一定形状并保持这种形状的能力。许多塑料制品是通过挤压作用生产的，如挤出制品、注塑制品。橡胶制品中通过挤压作用成型的也有一些，如胶管、电线电缆、密封条以及轮胎的胎面、胎侧、胎肩、三角胶、胎圈和内胎等。聚合物的可挤压性不仅与其分子组成、结构和分子量有关，还与温度、压力等成型条件有关。挤压成型对应温度在非晶（态）聚合物的黏流温度或结晶聚合物的熔点附近。因此，衡量聚合物可挤压性的物理量是聚合物熔体黏度（剪切黏度或拉伸黏度）。熔体黏度过高，聚合物在挤压作用下难以成型；熔体黏度过低，虽然易成型但形状保持性（挺性）差。对热塑性塑料简便实用的测试方法是测定其熔体流动速率，对未硫化橡胶简便实用的测试方法是测定其门尼黏度。

聚合物可模塑性是指在一定的温度和压力作用下聚合物在模具中模塑成型的能力。聚合物通过压缩、挤压、注塑等方法进入模具的型腔中，在一定的温度和压力下塑化成型，使制品获得所需形状、尺寸精度、密实度及合格的使用性能。热塑性聚合物可模塑性主要取决于聚合物的流动性及热性能，受工艺条件（温度和压力）及模具结构尺寸的影响。热固性聚合物的可模塑性还与聚合物的化学反应性能有关。测试聚合物流动性是评价聚合物可模塑性的主要方法。聚合物流动性的测试方法有压缩法（如可塑度）、旋转法（如门尼黏度）、压出法（如熔体流动速率）等。其中，熔体流动速率是评价聚合物可模塑性的常用方法。

聚合物可纺性是指聚合物材料通过加工形成连续的固化纤维的能力。聚合物纺丝成型是聚合物流体从喷丝孔中挤出后，受到轴向拉伸而形成丝条，再经冷却定型成连续长纤的过程。有良好的可纺性及在纺丝条件下材料的热稳定性和化学稳定性是保证纺丝过程持续不断的必要条件。聚合物的可纺性取决于材料的流变性质、熔体黏度、熔体强度以及熔体的热稳定性和化学稳定性等。故检测聚合物熔体流动速率、熔体黏度和强度可评价聚合物的可纺性。

聚合物可延性是非晶或半结晶聚合物在受到单向或双向压延或拉伸时变形的能力。这为生产片材、薄膜和纤维提供了可能性。聚合物可延性取决于材料产生塑性变形的能力和加工硬化能力。聚合物塑性变形的能力与其结构及加工温度有关，加工硬化能力则与聚合物在加工过程中的取向程度有关。而分子链取向则依赖于加工过程中受到的剪切拉伸作用。测量聚合物熔体流动速率、未硫化胶门尼黏度可反映热塑性聚合物的可延性。

热固性聚合物化学反应性能对其加工性能影响明显。固化速率可影响聚合物的可挤出性、可塑性、可纺性及可延性。尤其是橡胶材料需要通过交联反应形成交联键才能固定形状和稳定尺寸，提升性能，才具备使用价值。硫化剂与橡胶的化学反应速度快慢及难易影响橡胶的混炼、压延、挤出和硫化等工艺过程。故测试混炼胶的门尼焦烧和硫化特性可以评价混炼胶的加工性能。

鉴于检测设备的特殊要求，本章仅介绍塑料维卡软化温度、熔体流动速率的测试方法，混炼胶门尼黏度及门尼应力松弛率测定、门尼焦烧及硫化特性测试和涂料黏度测定，来评价聚合物的加工性能。

实验 3.1 塑料维卡软化温度测定

3.1.1 概述

塑料的许多性能对温度比较敏感，随着温度变化，塑料的相态发生变化，力学性能也发生较大的变化。在玻璃化转变温度以下时，塑料呈玻璃态，硬而脆，在玻璃化转变温度以上时，则转变成高弹态。塑料的耐热性是指其在高温环境下保持性能稳定的能力，而测定机械特性的不连续点主要用于反映塑料的相态转变。

塑料耐热性实验方法中主要有马丁耐热（用于热固性塑料）、维卡软化温度、负荷变形温度和热失重等。其中，维卡软化温度和负荷变形温度的原理都是测定塑料由玻璃态转变成高弹态而易于流动的温度，表示塑料的相态转变。

3.1.2 实验目的

（1）了解热塑性塑料耐热性的物理意义，掌握维卡软化点的测试方法。

（2）掌握测定常见塑料维卡软化温度的实验技术。

3.1.3 实验原理

利用试样在一定传热介质（硅油或甘油等）中于等速升温条件下，并在一定负荷条件下测量被截面为 $1mm^2$ 的压针压入 1mm 时的温度。

其中，等速升温速度分为 (50±5)℃/h 和 (120±10)℃/h 两种；负荷也有两种，分别是 10N 和 50N。因此，维卡软化温度实验有四种方案，分别用 A_{50}、A_{120}、B_{50} 和 B_{120} 来表示。A_{50} 的实验条件是负荷为 10N，等速升温速度为 50℃/h。A_{120} 的实验条件是负荷为 10N，等速升温速度为 120℃/h。B_{50} 的实验条件是负荷为 50N，等速升温速度为 50℃/h。B_{120} 的实验条件是负荷为 50N，等速升温速度为 120℃/h。

3.1.4 仪器设备

实验仪器具备等速升温功能，配备高精度千分尺或位移传感器以精确测量压入深度，均符合标准规定。维卡软化测试仪见图 3-1。

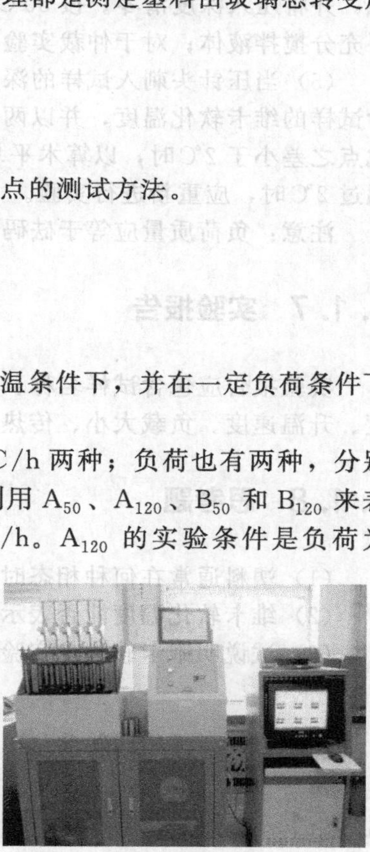

图 3-1 维卡软化温度测试仪

3.1.5 试样状态调节

（1）需要至少两个试样，试样厚度为3～6.5mm，边长为10mm的正方形或直径10mm的圆形，表面平整、平行、无飞边。

（2）板材试样厚度可通过机加工方式控制到3～6.5mm。厚度如果小于3mm，可将最多三片试样直接叠合在一起，使其总厚度在3～6.5mm之间。

试样应在与受试材料有关的标准所规定的环境中或在GB/T 2918—2018《塑料　试样状态调节和试验的标准环境》所规定的一种环境中进行状态调节。

3.1.6 实验步骤

（1）开启实验仪器及其计算机控制系统，打开计算机控制系统上的维卡软化点操作程序。

（2）按动“up”按钮，支架上升，将试样水平放在未加负荷的压针头下。压针头离试样边缘不得少于3mm，与仪器底部接触的试样表面应平整。当使用加热浴时，温度计的水银球或测温仪器的传感部件应与试样处于同一水平面，并尽可能靠近试样。

（3）按动“down”按钮使整个支架浸入浴槽内，试样位于液面35mm以下。

（4）将足量砝码（负荷）加到负荷板上，设定等速升温速度，将位移传感器与砝码接触，并将压入深度清零。按50℃/h或120℃/h速度匀速升高加热装置的温度，实验过程中要充分搅拌液体；对于仲裁实验应使用50℃/h的升温速度。

（5）当压针头刺入试样的深度超过（1.0±0.01）mm时，记下传感器测得的油浴温度即为试样的维卡软化温度，并以两个试样维卡软化温度的算术平均值来表示。两个试样测定软化点之差小于2℃时，以算术平均值表示材料的软化点（维卡）。如两个试样实验结果差值超过2℃时，应重新进行实验。

注意：负荷质量应等于砝码加压料杆质量。

3.1.7 实验报告

实验报告应包含试样名称、牌号、试样制备方法和预处理条件、试样叠合情况、起始温度、升温速度、负载大小、传热介质和实验结果。

3.1.8 思考题

（1）塑料通常在何种相态时使用？有无例外？

（2）维卡软化温度能否表示材料使用的上限温度？为什么？

（3）试说明维卡软化点实验装置的特点，其对实验结果有什么影响？

实验3.2 热塑性塑料熔体流动速率测定

3.2.1 概述

热塑性塑料熔体流动速率定义为热塑性塑料在一定温度、一定负荷条件下，熔体每

10min 通过标准口模的质量，以 g/10min 来表示。

用熔体流动速率仪测定的熔体流动速率（MFR）不存在广泛的应力-应变速率关系，所以不能测定塑料的黏度和研究塑料熔体的流变性质，但用熔体流动速率可以比较同种聚合物的分子量大小，能够方便地表示其流动性能的好坏，并且是选择热塑性塑料成型加工工艺条件的经验性依据。常用塑料的熔体流动速率标准实验条件见表 3-1。

表 3-1 常用塑料的熔体流动速率标准实验条件

材料	实验温度/℃	负荷/kgf	材料	实验温度/℃	负荷/kgf
PS	200	5.00	EVA	125	0.325
PE	190	2.16	SAN	220	10.00
PE	190	0.325	ASA、ACS、AES	220	10.00
PE	190	21.6	PC	300	1.20
PE	190	5.00	PMMA	230	3.80
PP	230	2.16	PB	190	2.16
ABS	220	10.00	PB	190	10.00
EVA	150	2.16	POM	190	2.16
EVA	190	2.16	MABS	220	10.00

注：1. PS——聚苯乙烯；PE——聚乙烯；PP——聚丙烯；ABS——丙烯腈-苯乙烯-丁二烯三元共聚物；EVA——乙烯-醋酸乙烯酯共聚物；SAN——苯乙烯-丙烯腈共聚物；ASA——丙烯腈-苯乙烯-丙烯酸酯共聚物；ACS——丙烯腈-氯化聚乙烯-苯乙烯共聚物；AES——丙烯腈-三元乙丙橡胶-苯乙烯共聚物；PC——聚碳酸酯；PMMA——聚甲基丙烯酸甲酯；PB——聚丁烯；POM——聚甲醛；MABS——甲基丙烯酸甲酯-丙烯腈-丁二烯-苯乙烯共聚物。

2. 1kgf＝9.80665N。

3.2.2 实验目的

（1）了解熔体流动速率仪的结构并掌握其使用方法。

（2）了解热塑性高聚物的流变性及加工工艺条件的选择。

3.2.3 仪器设备

熔体流动速率测试仪，分析天平，秒表，镊子。

3.2.4 试样

只要能够装入料筒空腔，试样可为任何形状，粉料、粒料或薄膜碎片。

实验前应按照材料规格标准，对材料进行状态调节，必要时，还应进行稳定化处理。

3.2.5 温度校正与设备清洗

（1）控温系统的校正

温度控制系统的准确性应定期校准。为此，先要调节温度控制系统，使控制温度计显示的料筒温度恒定在要求的温度。把校准温度计预热到同样温度，然后将一些受试材料或替代材料按实验时的同样步骤加入料筒。材料完全装好后等待 4min，将校准温度计插入样品中，并没入材料，直到水银球顶端距离口模上表面 10mm 为止。再过 4～10min，用校准温度计与控制温度计读数差值来校正控制温度计所显示的温度。还应沿料筒方向校准多点温度，以每 10mm 间隔测定试料温度，直到距离口模上表面 60mm 的点为止。两个极端值的最大偏差应符合标准规定。

温度校正时选用的材料必须能够充分流动，以使水银温度计的球在插入时不至于用力过大而受到损坏。在校正温度时，具有熔体流动速率（2.16kg 负荷）大于 45g/10min 的材料是合适的。

（2）仪器清洗

每次测试以后，都要把仪器彻底清洗，料筒可用布片擦净，活塞应趁热用布擦净，口模可以用紧配合的黄铜绞刀或木钉清理，也可以在约 550℃ 的氮气环境下用热裂解的方法清洗。但不能使用磨料及可能会损伤料筒、活塞和口模表面的类似材料。必须注意，所用的清洗程序不能影响口模尺寸和表面粗糙度。如果使用溶剂清洗料筒，要注意其对下一步测试可能产生的影响应是可忽略不计的。

3.2.6 实验步骤

（1）清洗仪器

在开始做一组实验前，要保证料筒在选定温度恒温不少于 15min，根据预先估计的流动速率，称取一定质量样品装入料筒。装料时，用手持装料杆压实样料。对于氧化降解敏感的材料，装料时应尽可能避免接触空气，尽快完成装料过程。根据材料的流动速率，将加负荷或未加负荷的活塞放入料筒。

（2）操作

在装料完成 4min 后把选定的负荷加到活塞上，让活塞在重力的作用下下降，直到挤出没有气泡的细条；逐一收集按一定时间间隔的挤出物切段，每条切段的长度应不短于 10mm，最好为 10～20mm。

采用公式计算熔体流动速率（MFR）值：

$$\mathrm{MFR}(T, m_{\mathrm{nom}}) = \frac{600 \times m}{t} \tag{3-1}$$

式中 T——实验温度，℃；

m_{nom}——标称负荷，kg；

600——g/s 转换为 g/10min 的系数（10min＝600s）；

m——切段的平均质量，g；

t——切段的时间间隔，s。

结果保留三位有效数字，小数点后面最多取两位小数，并记录实验温度和使用的负荷，如 MFR＝12.7g/10min(190℃，2.16kg)。

3.2.7 注意事项

（1）装料时需随加随用，用棒将料压实，以防止产生气泡，对于流动性好的试样尤其重要。

（2）熔体流动速率较大的材料，只需加入试料，压上压料杆恒温 5min，加上所需砝码，等压料杆下降至下环形记号和料筒口相平时，便正式切取样条。

（3）易氧化的试样在装料前可用氮气吹扫料筒。

（4）取样过程必须在压料杆的上下环形线间进行。

（5）在预热过程中要调试切刀，使其与出口距离相适应。

(6) 实验完毕，趁热清理压料杆、料筒和出料孔。
(7) 直角温度计只在温度恒定后放入测温孔内，取出后勿直接放在台面上，以免爆裂。

3.2.8 思考题

(1) 高聚物的熔体流动速率对其加工有何意义？有什么局限性？
(2) 熔体流动速率的大小与材料的分子量有什么关系？

实验 3.3 混炼胶门尼黏度及门尼应力松弛率测定

3.3.1 概述

门尼黏度计自 1934 年 Mooney 发表文章以来，已广泛应用于橡胶工业的科研工作和生产控制。自合成橡胶大量发展以后，门尼黏度已成为合成橡胶的重要指标，我国于 1976 年将门尼黏度列为橡胶行业的一项国家标准。门尼黏度计与压缩性塑性计比较，它更接近于实际工艺条件，而且制备试样简易，精确度较好。缺点是机械零部件容易磨损，试样与转子之间容易打滑。因此，对模腔和转子的规格以及外观有严格的要求。

门尼黏度值是衡量和评估橡胶加工性能的重要指标之一。橡胶的门尼黏度值与其可塑性是密切相关的。黏度值高，表明橡胶分子量大，可塑性差；反之则说明橡胶分子量小，可塑性好。合理地控制橡胶门尼黏度值，有利于控制橡胶的混炼、压延、挤出、注塑和模压硫化等加工工艺过程，因而硫化橡胶可获得稳定的力学性能。

门尼黏度反映未硫化橡胶的黏性，但不能反映其弹性。在未硫化橡胶流变学中，门尼应力松弛与弹性效应相关。因此，门尼应力松弛结合门尼黏度可以更好地描述生胶或未硫化橡胶的黏弹特性。门尼应力松弛测试已被推荐为质量控制工具。门尼应力松弛是指门尼黏度测试结束后，转子突然停止旋转，胶料施加给转子的转矩随时间衰减的快慢。用门尼应力松弛率（*MSR*）来评价未硫化橡胶应力松弛的快慢。

3.3.2 实验目的

使操作者了解门尼黏度计的结构和实验原理；掌握用门尼黏度计测试生胶或混炼胶门尼黏度的制样方法和实验操作方法；掌握门尼应力松弛率的计算方法。

3.3.3 实验仪器及实验原理

(1) 实验仪器

采用圆盘剪切黏度计测定生胶或混炼胶门尼黏度及门尼应力松弛率。典型的圆盘剪切黏度计由上下模体（组成圆柱形腔体）、转子、保持模腔温度恒定的装置、保持规定模腔闭合压力的装置、使转子以恒定速度转动的装置、指示转子转矩力的装置等组成。圆盘剪切门尼黏度计主要结构见图 3-2，圆盘剪切门尼黏度计主要部件的尺寸见表 3-2。用于测试门尼应力松弛率的门尼黏度计还要求圆盘能在 0.1s 的时间内停止旋转，并在转子停转之后至少每 0.2s 记录一次转矩值。

表 3-2 圆盘剪切门尼黏度计主要部件的尺寸 单位：mm

名称	尺寸	
转子直径	大 38.10±0.03	小 30.48±0.03
转子厚度	5.54±0.03	
转子杆直径	10±1	
模腔直径	50.9±0.1	
模腔深度	10.59±0.03	

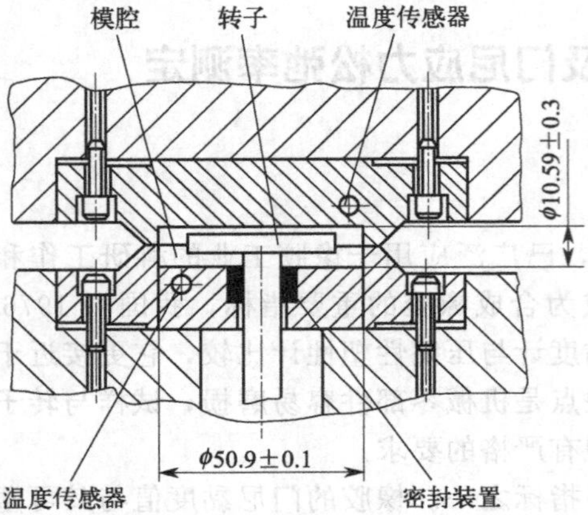

图 3-2 圆盘剪切门尼黏度计

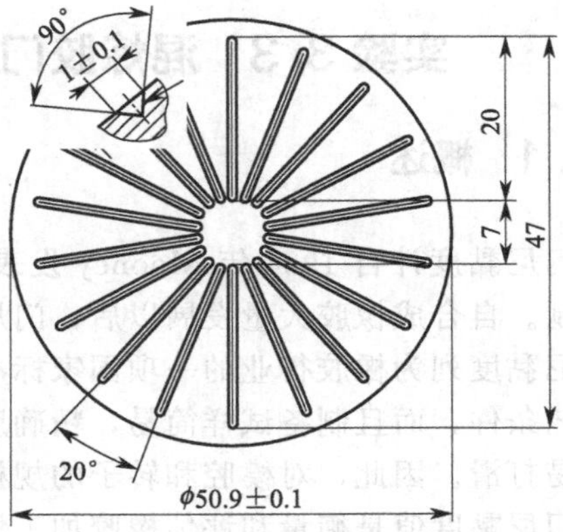

图 3-3 带有辐射状 V 形沟槽的模体

① 模腔。构成模腔的上下两个模体均由洛氏硬度不低于 60HRC 的整件硬质钢制成，上下模体表面应具有防滑用辐射状 V 形沟槽。沟槽两斜面的夹角为 90°，角平分线垂直于模体表面，沟槽表面宽度为（1.0±0.1）mm。带有辐射状 V 形沟槽的模体如图 3-3 所示。上模体沟槽从直径为 47mm 的外圆沿半径方向延伸至直径为 7mm 的内圆。下模体沟槽从直径为 47mm 的外圆沿半径方向延伸至距中心孔边缘 1.5mm 处。

模体除了 V 形沟槽外，还有矩形沟槽。两种沟槽测试的实验结果可能不同。

② 转子。转子的材质与上下模体材质相同。转子的上下表面及侧面均有剖面为矩形的宽度为（0.8±0.02）mm、深度为（0.3±0.05）mm 的沟槽，两沟槽间的中心间距为（1.60±0.04）mm。转子上下表面有两组相互垂直的沟槽，大转子有 75 个垂直沟槽，小转子有 60 个垂直沟槽。转子与杆垂直固定，转子杆的长度应使模腔在闭合后，转子上间隙与下间隙相差不超过 0.25mm。转子杆的中心轴线应与转动轴保持同心。转子杆与下模孔的间隙应足够小，防止胶料漏出模腔，常用金属环、O 形圈及其他密封装置进行密封。转子在工作期间，其偏心度或径向跳动应不超过 0.1mm。

测试时转子转动速度为（2.00±0.02）r/min。实验中一般使用大转子，但试样的黏度较高或超出仪器的量程范围时，允许使用小转子。两种转子所得的实验结果不相等，没有可比性，但在比较橡胶性能时规律一致。

③ 加热及测温装置。加热控温装置安装在上下模体上，应能使上下模体闭合时，空模腔内有转子的情况下，模腔温度恒定在实验温度的±0.5℃范围内。试样放入模腔后，该装置应使模腔温度在 4min 内恢复至实验温度的±0.5℃范围内。

温度测试是通过插入模腔的两个热电偶测温探头来测量的，测温探头如图 3-4 所示。为了控制模腔的温度，上下模体应放置温度传感器来测量模体温度。传感器安装在与模体保持最佳接触的位置，避免安装在加热装置间隙处或阻碍热传导的位置。传感器的轴线到模体工作表面距离保持 3～5mm，到转子的旋转轴距离为 15～20mm。热电偶测温探头和温度传感器的指示温度应精确至±0.25℃。

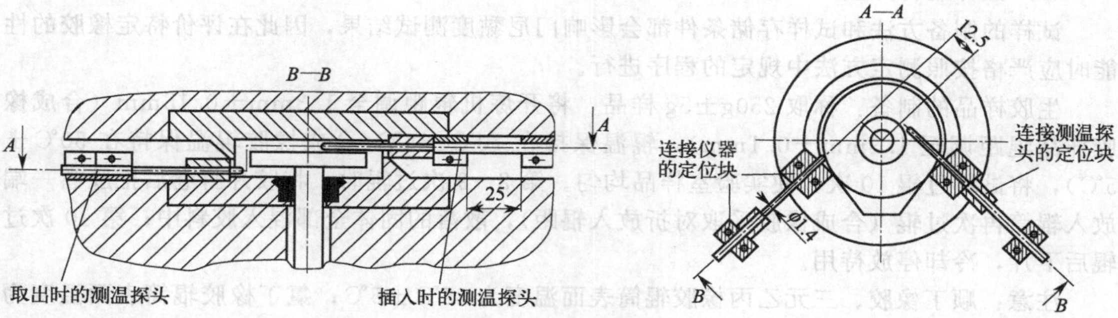

图 3-4 测温探头

④ 模腔闭合系统。可用液压、气动或机械装置关闭并保持模腔闭合，在测试期间，应保持对模腔施加（11.5±0.5)kN 的闭合力。检测模体闭合力是否均匀的方法是用厚度不大于 0.04mm 的柔软纸巾置于上下模体之间，合模达到闭合力后，打开，取出纸巾，观察纸巾表面是否显示连续、均匀一致的压痕。若压痕不连续或不一致，表明闭合系统调整不当，或者模体有磨损、移位或变形，容易造成漏料或结果偏差。

⑤ 转矩测量装置和校准装置。转子转动时对胶料施加一定的剪切力，胶料反作用于转子产生一定的转矩，通过转矩测量系统测定胶料对转子转动时所施加的转矩，将转矩记录或指示在以门尼单位为分度的线性标尺上。当转子空载运转时读数应为零。当向转子杆施加(8.30±0.02)N·m 的转矩时读数为（100±0.5）个门尼值。即一个门尼单位等于 0.083 N·m 的转矩。标尺精确到 0.5 个门尼单位。转子空载运转时的读数与零点之差应小于 0.5 个门尼单位。

更换测试样品时需要弹出转子，再次装入模腔时需要进行零位校整，以防转子顶到上模体。黏度计需在测试温度下进行校准，适合于大多数黏度计的校准方法是：将易弯曲的金属丝一端固定在特制的转子上，另一端悬挂经标定的校准砝码，转子的转速为 2r/min，模体温度为设定温度，使标尺上的读数校准至 100。实际生产中，通常采用已标定门尼值的丁基橡胶试样检查仪器是否正常，测试条件为 100℃或 125℃下转子转动 8min。

(2) 实验原理

门尼黏度实验原理：在规定的实验条件下，将生胶或混炼胶填充在模腔与转子之间，转子在充满橡胶的模腔内转动，对试样加以一定的剪切力，以观测橡胶对所加力矩的抵抗能力。通过转矩测量系统测定橡胶对转子转动时所施加的转矩，并将规定的转矩作为门尼黏度的计量单位。门尼黏度值严格地说应称为门尼转矩值，但分度值存在差异。

门尼应力松弛率实验原理：门尼应力松弛率是门尼黏度测试结束时转子停转后，在规定的时间间隔内，转矩和时间的对数线性回归曲线斜率的绝对值。门尼应力松弛率测试是在门尼黏度测试后立即进行门尼转矩衰减的测试。门尼黏度测试结束后转子突然停止旋转，记录转矩随时间的衰减关系。按照理论假设的幂律定律有效性，在短时间间隔内评估转矩的变化率。根据测试的数据，绘制转矩（门尼单位）对时间（s）的双对数变化曲线，从曲线图中计算斜率，即可得到门尼应力松弛率。

3.3.4 试样制备及实验条件

（1）试样制备方法

试样的制备方法和试样存储条件都会影响门尼黏度测试结果，因此在评价特定橡胶的性能时应严格按照测定方法中规定的程序进行。

生胶样品的制备：称取 250g±5g 样品，将开炼机辊距调至 1.3mm±0.15mm（合成橡胶样品辊距调至 1.3mm±0.1mm），辊温保持在 70℃±5℃（合成橡胶辊温保持在 50℃±5℃），将试料过辊 10 次，使实验室样品均匀。第 2～9 次过辊时，将胶片打卷后把胶卷一端放入辊筒再次过辊（合成橡胶采取对折放入辊距），散落的固体全部混入胶料中；第 10 次过辊后下片，冷却停放待用。

注意：顺丁橡胶、三元乙丙橡胶辊筒表面温度为 35℃±5℃；氯丁橡胶辊筒表面温度为 20℃±5℃，辊距为 0.4mm±0.05mm，过辊二次；某些丁腈橡胶辊筒表面温度为 50℃±5℃，辊距为 1.0mm±0.1mm。

门尼黏度实验用试样应由两个直径约 50mm、厚度为 6mm 的圆形胶片组成（在已经制备好的生胶或混炼胶片上裁取），确保试样充满模腔，在其中一个胶片的中心打一个直径约 8mm 的孔，以便转子插入。注意裁取的胶片上应尽可能排除气泡，以免在转子和模腔形成气穴，影响测试结果。

试样裁好后应在标准温度（23℃±2℃）下调节至少 30min，并在 24h 内进行测试。

（2）实验条件

除非在有关材料标准中另有规定，实验应在 100℃±0.5℃温度下进行，试样先预热 1min，再测试 4min，读数。丁基橡胶、卤化丁基橡胶和三元乙丙橡胶的实验温度采用 125℃，丁基橡胶类的读数时间采用 8min。

3.3.5 实验步骤

（1）把模腔和转子预热到实验温度，并使其达到稳定状态。门尼黏度计在空腔运转时，门尼值记录器上的门尼值应在 0±0.5 范围内。检查模腔和转子上有无遗留胶料，要给予及时清理。

（2）打开模腔，将转子插入带孔胶片的中心孔内，并将转子杆插入黏度计下模孔中，再将未打孔的胶片准确地放在转子上面，迅速关闭模腔。

注意：测定低黏度或黏性试样时，可以在试样与模腔之间衬以厚度为 0.02～0.03mm 的热稳定性薄膜（如聚酯薄膜），以便清除测试后的试样。这种薄膜的使用可能会影响测试结果。

（3）关闭模腔，开始计时，试样预热 1min 时，转子转动，测试时间 4min［IIR（丁基橡胶）、BIIR（溴化丁基橡胶）、CIIR（氯化丁基橡胶）胶料测试温度 125℃，转子转动 8min］时读数。如果采用记录装置，从记录的曲线上读取门尼值。

（4）门尼黏度测试结束时，在 0.1s 内圆盘停止旋转，重置静止转子的转矩零点至静止零点，并至少每 0.2s 记录一次转矩值。由于大多数聚合物的转矩松弛非常迅速，因此必须自动进行零点重置和记录数据。松弛数据在转子停转 1.6s 后开始收集，持续到停转后 5.0s，采集得到 18 个数据点。实验结束。典型的门尼黏度及门尼应力松弛实验曲线如图 3-5 所示。

（5）打开模腔（自动控制的设备到时间自动打开模腔），取出转子，将转子上胶料取下，清理模腔内和转子上的余胶，将转子插回模腔。

(6) 打印记录的曲线和各种实验结果。

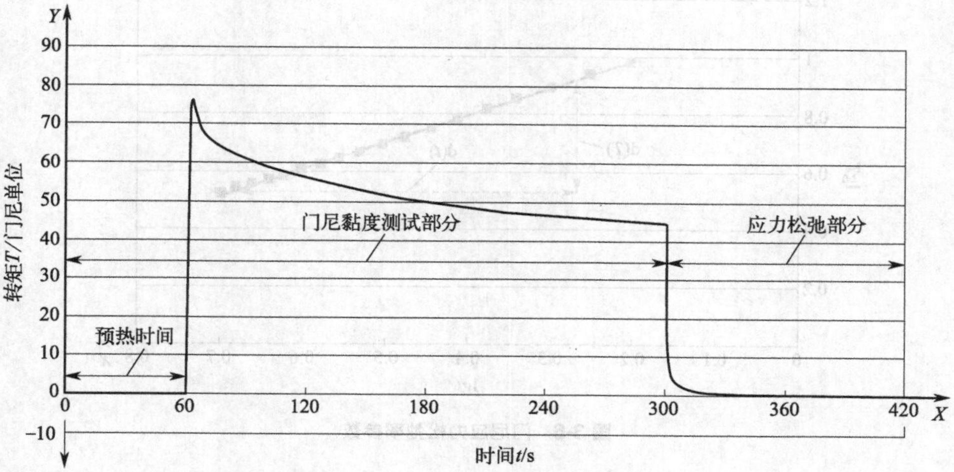

图 3-5 门尼黏度及门尼应力松弛实验曲线

3.3.6 实验结果表示

(1) 门尼黏度测试结果

一般实验结果应按式(3-2) 表示:

$$50ML(1+4)100℃ \tag{3-2}$$

式中 50M——门尼黏度，用门尼单位表示，精确到 0.5 个门尼值；50 为门尼黏度示值；

L——大转子（小转子用 S 表示）；

1——转子转动前的预热时间，min；

4——转子转动后的测试时间，min；即最终读取黏度值的时间；

100℃——实验温度。

(2) 门尼应力松弛率结果计算与表示

应力松弛实验中测得的门尼值与时间的关系满足式(3-3)：

$$T=k(t)^a \tag{3-3}$$

式中 T——门尼值，N·m；

k——常数，转子停转后 1s 时的转矩值，N·m；

t——转子停转后的时间，s；

a——确定应力松弛率的一个指数。

对式(3-3) 两边取对数，得到式(3-4)：

$$\lg T=a(\lg t)+\lg k \tag{3-4}$$

这是一个斜率为 a 的线性回归方程，以（$\lg t$，$\lg T$）为点画图，得到如图 3-6 所示的门尼应力松弛率参数曲线。

图 3-6 中曲线斜率（$\lg T/\lg t$）等于 a，将斜率的绝对值｜a｜四舍五入取小数点后三位就得到了门尼应力松弛率。

门尼应力松弛率的结果表示为：

$$MSR=|a|\pm S \tag{3-5}$$

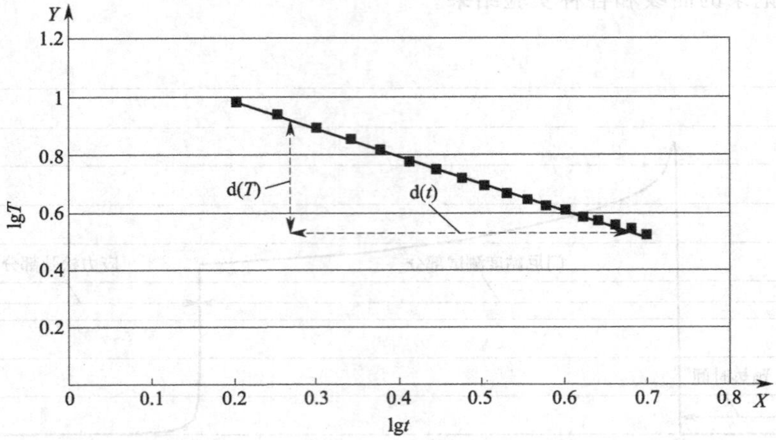

图 3-6 门尼应力松弛率参数

式中 $|a|$——门尼应力松弛率绝对值；

S——回归分析标准误差。

回归分析标准误差按式(3-6) 式计算：

$$S=\sqrt{\frac{\frac{1}{n-2}\sum(Y_i-\hat{Y}_i)^2}{\sum(X_i-\bar{X})^2}} \tag{3-6}$$

式中 n——测量次数；

Y_i——测量值的对数，$Y_i=\lg(T_i)$；

$\hat{Y}_i$——线性回归的估计值对数，$\hat{Y}_i=aX_i+\lg k$；

X_i——测试时间的对数，$X_i=\lg t_i$；

$\bar{X}$——测试时间对数的平均值。

3.3.7 影响因素

(1) 炼胶工艺和胶料停放时间

橡胶的塑炼、混炼和薄通等工艺对门尼黏度值有较大的影响，即与试样制备方法有关。如要进行比对实验，各试样的制备要在同一方法和工艺下进行；胶料的停放条件和停放时间要一致，否则测试结果没有可比性。

(2) 测试条件

实验温度的波动会引起胶料黏度的波动，导致转矩值发生变化，门尼曲线出现波动，带来实验误差。因此实验温度范围要严格控制在规定的范围内，以确保实验数据的准确性。

上下模体闭合力对测试结果影响明显，闭合力增大，门尼黏度测试结果偏大；闭合力减小，门尼黏度测试结果偏小。若闭合力不均匀，造成漏料，则测试结果偏小。故闭合力必须控制稳定。

预热时间直接影响胶料的初始门尼值的高低，应严格控制预热时间。

(3) 装胶量

由于模腔的容积是一定的，装胶量的多少会影响模腔内转子的转动，进而影响门尼黏度值。装胶量过多，会导致测试结果偏大。如装胶量不足，不仅影响实验数据的重现性，所得门尼值也明显偏低。

(4) 转子新旧程度

转子在长期使用之后，其表面花纹会受到磨损，会出现打滑现象，实验结果偏低。

(5) 隔离膜的影响

通常，使用热稳定性薄膜（如聚丙烯薄膜、聚酯薄膜、玻璃纸薄膜）试样较未使用薄膜试样的测试结果偏低，在某些情况下具有显著性差异。相同试样使用不同薄膜时的测试结果也具有显著性差异，这可能导致测试结果靠近临界值时判定存在争议。

3.3.8 实验报告

实验样品说明；测试方法；所用仪器型号及制造商；实验条件（转子大小、调节温度及时间、实验温度、预热时间、测试时间、闭合力、使用的热稳定性薄膜）；门尼黏度值，门尼应力松弛率。如果是多个试样，则列出试样数量、每个测试数据及平均值。

3.3.9 思考题

(1) 门尼黏度的测试条件是什么？

(2) 如何表征生胶或未硫化混炼胶的黏弹性？

实验 3.4 混炼胶初期硫化特性——门尼焦烧时间测定

3.4.1 概述

焦烧是未硫化橡胶在工艺流程中出现初期硫化即线型分子开始出现交联的现象。加有硫化体系助剂的混炼胶在初期会出现局部交联现象，但此时胶料的流动变形特性尚未受到显著影响。随局部交联的扩大，到某一时刻局部交联网络互相连接形成整体交联网络，此时混炼胶不能发生流动变形。局部网络形成整体网络的临界点称为焦烧点，即胶料保持流动性的临界点。胶料从开始加热起至焦烧点出现所经历的时间称为焦烧时间，即胶料硫化作用开始前的延迟时间。故焦烧时间是衡量未硫化橡胶初期硫化速度快慢的重要指标，是对未硫化橡胶加工安全性的判定依据。胶料出现焦烧现象，不仅影响混炼胶流动性和自黏性，对后续压延、挤出等加工过程带来不利影响，还影响硫化成品的外观质量（如缺胶、流痕、疙瘩或肿块等）、橡胶与骨架材料的黏合性能，进而影响成品的使用性能，造成材料浪费。因此，焦烧现象在加工过程中应尽量避免出现。

对于某一配方胶料，在某一温度下应该具有相对固定的焦烧时间。但由于橡胶具有热积累效应，故实际焦烧时间分为操作焦烧时间和剩余焦烧时间两部分。操作焦烧时间是指未硫化橡胶在加工过程中（如橡胶混炼、停放、热炼或返炼、压延、挤出等工艺过程）由于热积累效应所消耗的焦烧时间。剩余焦烧时间是指胶料在热的模腔中加压硫化时保持流动状态的时间。胶料在硫化前的加工过程中是否会出现焦烧现象可通过测量混炼胶的焦烧时间来反映，只要焦烧时间长于胶料加工过程的操作时间，加工过程中温度不超过焦烧时间的测试温度，就不会出现焦烧现象。故测试混炼胶的初期硫化特性——焦烧时间可以判断该胶料在加工过程中会不会出现焦烧现象。对于胶料在硫化过程中保持流动性的时间（剩余焦烧时间）可用硫化仪在硫化温度下测试硫化特性测得。

混炼胶的焦烧时间要合适，过短，易焦烧；过长，会导致硫化周期长进而降低生产效率，增大能耗。因此，合理地控制未硫化橡胶的焦烧时间是非常必要的。

通常用门尼黏度计在加工温度下（多数在 120℃）测定混炼胶的焦烧时间和硫化指数，来评价混炼胶的加工和停放的安全性。

3.4.2 实验目的

使操作者了解焦烧时间和门尼硫化时间的实验原理，掌握用门尼黏度计测量混炼胶焦烧时间的操作方法和工艺要求，根据实验结果判断胶料的早期硫化特性及加工安全性。

3.4.3 实验原理

与测胶料的门尼黏度相似，也是在规定温度下，根据未硫化橡胶的门尼黏度随测试时间的变化，测定门尼黏度上升至规定数值时所需的时间。该温度和加工温度相对应。从开始加热起至门尼黏度从最小值上升至规定值所需的最短时间称为门尼焦烧时间。当使用大转子时，规定上升至 5 个门尼单位或 35 个门尼单位；当使用小转子时，规定上升至 3 个门尼单位或 18 个门尼单位。对应的初期硫化时间分别用 t_5、t_{18} 表示，以 min 计。

3.4.4 试样制备方法

本实验的试样制备方法与实验 3.3 相同。

3.4.5 温度条件

实验前试样应在标准温度（23℃±2℃）下调节 30min 以上，并在 24h 内完成实验。

选择与混炼胶料加工相关的实验温度，多数情况下实验温度选为 120℃±0.5℃，不同实验温度所得结果不可比。模腔闭合力为 11.5kN±0.5kN。预热 1min，转子开始转动，继续实验至门尼黏度达到高于最小值的规定值。

3.4.6 实验步骤

(1) 打开圆盘剪切门尼黏度计及其连接的计算机系统电源开关，将气泵接口与设备连接。在计算机系统上打开实验操作系统，选择门尼焦烧时间测试模式。设定测试温度。打开设备上加热开关，合模，把模腔和转子预热到实验温度，并使其达到稳定状态。

(2) 门尼黏度计在空腔运转时，调整门尼值记录器上的门尼值在 0±0.5 范围内。检查模腔和转子上有无遗留胶料，要给予及时清理。

(3) 打开模腔，将转子插入带孔胶片的中心孔内，并将转子杆插入下模孔中，再把另一块胶片准确放在转子上面，迅速关闭模腔预热试样。从模腔闭合瞬间开始计时，试样预热 1min。

注：测定低黏度或发黏试样时，可以在试样与模腔、转子之间衬以 0.02～0.03mm 厚

的热稳定性薄膜（推荐聚丙烯薄膜），以便清除实验后的试样。

（4）采用大转子时，试样达到预热时间之后，电机转动，直到门尼值下降至最小值后再上升 5 个门尼单位时停止实验。若测定 Δt_{30}（硫化指数），实验应延长到门尼黏度上升 35 个门尼单位为止。高黏度的混炼胶可使用小转子，门尼黏度下降至最小值后再上升 3 个门尼单位或 18 个门尼单位时停止实验。用大转子测定的初期硫化时间（焦烧时间）曲线见图 3-7。

注意：实验 60min 后试样仍不出现焦烧或其门尼黏度由最小值上升不到 35 或 18 个门尼单位时，可以停止实验。

（5）打开模腔，取出转子，将转子上胶料取下，清理模腔内和转子上的余胶，将转子插回模腔。

（6）打印记录的曲线和各种实验结果。

3.4.7 实验结果

（1）用大转子实验

焦烧时间 t_5：从实验开始胶料黏度下降至最小值后再上升 5 个门尼单位所对应的时间，以 min 计。

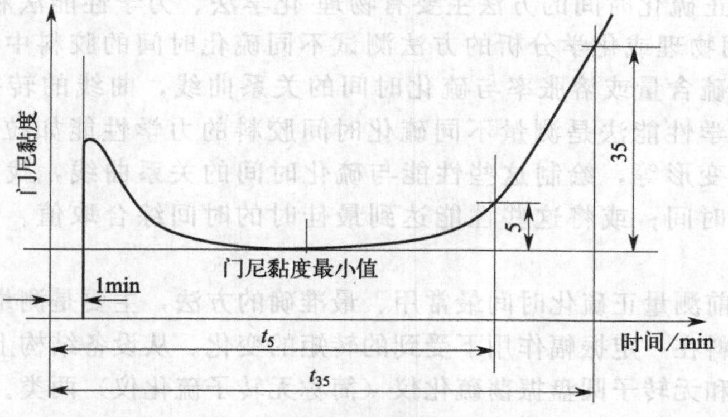

图 3-7 大转子测定的初期硫化时间（焦烧时间）

门尼硫化时间 t_{35}：从实验开始胶料黏度下降至最小值后再上升 35 个门尼单位所对应的时间，以 min 计。

硫化指数 Δt_{30} 按式(3-7) 计算：

$$\Delta t_{30} = t_{35} - t_5 \tag{3-7}$$

（2）用小转子实验

焦烧时间 t_3：从实验开始胶料黏度下降至最小值后再上升 3 个门尼单位所对应的时间，以 min 计。

门尼硫化时间 T_{18}：从实验开始胶料黏度下降至最小值后再上升 18 个门尼值所对应的时间，以 min 计。

硫化指数 Δt_{15} 按式(3-8) 计算：

$$\Delta t_{15} = t_{18} - t_3 \tag{3-8}$$

Δt 越小，硫化速度越快。两种尺寸的转子测定的焦烧时间和硫化指数没有可比性。测定结果精确到 0.01min。

3.4.8 思考题

(1) 焦烧时间的概念及意义。
(2) 门尼硫化时间的表示方法。
(3) 门尼焦烧时间的测试条件。

实验 3.5 混炼胶硫化特性测定

3.5.1 概述

硫化是橡胶加工中最重要的工艺过程之一，是将橡胶线型大分子变成三维网状结构的过程。硫化工艺就是提供温度和压力使胶料中的硫化剂与橡胶大分子发生化学反应，使橡胶大分子发生交联的工艺过程。这个交联反应过程需要一定的时间才能完成，如果硫化不足，胶料的性能达不到最佳，称作欠硫；如果时间过长，橡胶分子链或硫化交联键发生裂解，胶料的性能也会下降，称作过硫。故测量胶料在某一温度下的正硫化时间具有重要意义。

目前测量胶料正硫化时间的方法主要有物理-化学法、力学性能法和专用仪器法三种。物理-化学法是利用物理或化学分析的方法测试不同硫化时间的胶料中游离硫含量或胶料溶胀率，绘制游离硫含量或溶胀率与硫化时间的关系曲线，曲线的转折点对应的时间即为正硫化时间。力学性能法是测量不同硫化时间胶料的力学性能如拉伸强度、硬度、定伸应力、压缩永久变形等，绘制这些性能与硫化时间的关系曲线，找出转折点所对应的时间，即为正硫化时间；或将这些性能达到最佳时的时间综合取值。专用仪器法目前主要是指硫化仪法。

硫化仪法是目前测量正硫化时间最常用、最准确的方法，主要是测量在硫化过程中随交联程度的增加，胶料在一定振幅作用下受到的转矩的变化。从设备结构上分类，硫化仪主要分为有转子硫化仪和无转子圆盘振荡硫化仪（简称无转子硫化仪）两类。无转子硫化仪由于升温快、效率高、重现性好而受到普遍采用。M200 型、GT-M2000-A 型、EK-200P 型以及 MDR2000 型等都属于无转子硫化仪。

3.5.2 实验目的

使操作者了解胶料正硫化时间的测定方法，掌握用无转子硫化仪测量胶料正硫化时间的实验原理和测试方法，理解主要特性参数的含义，并能利用硫化仪来检测胶料，研究不同胶料、不同助剂对胶料正硫化时间的影响，熟练分析测试结果。

3.5.3 实验仪器及实验原理

(1) 实验仪器

硫化仪主要部件组成：上、下平板，上、下模腔以及振荡圆盘、气缸活塞、温度敏感元件、加热器、转矩传感器、记录仪、电机、操作面板、计算机系统等。无转子圆盘振荡硫化仪组件示意如图 3-8 所示，上下模腔的结构示意分别如图 3-9 和图 3-10 所示。

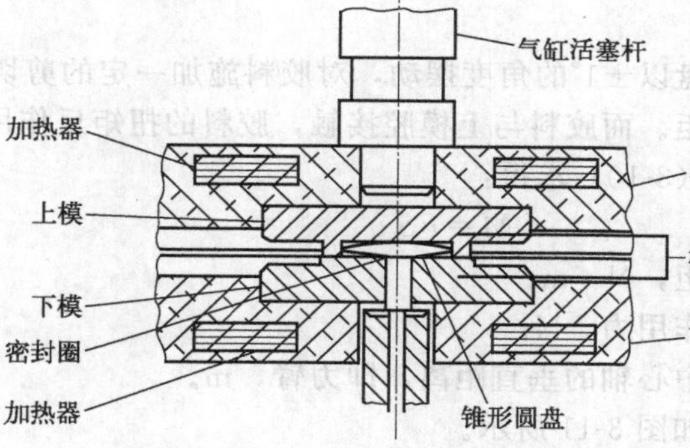

图 3-8 无转子圆盘振荡硫化仪的结构示意

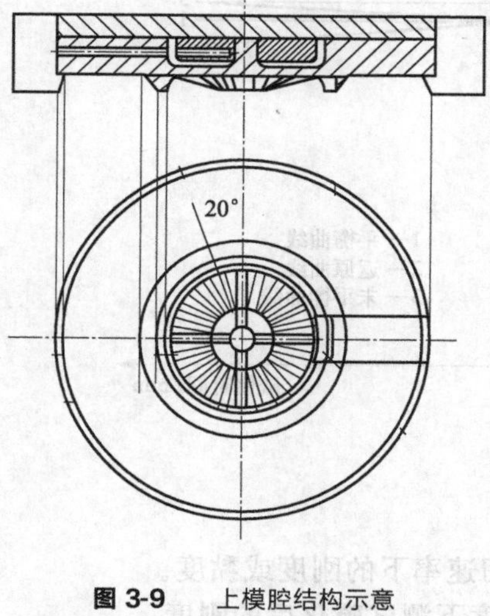

图 3-9 上模腔结构示意

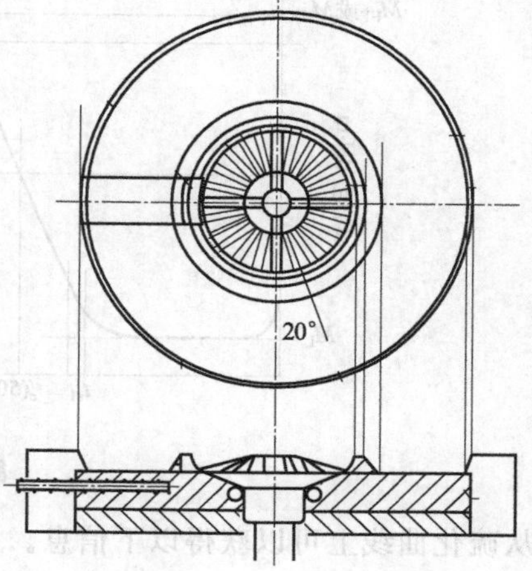

图 3-10 下模腔结构示意

上、下铝质平板里合适位置安装有电加热器件，硬度不低于 50HRC 的钢制的上模和下模固定在上、下平板上，上模腔固定有矩形沟槽的锥形圆盘，下模腔安装有与上模腔锥形圆盘相同形状和尺寸的锥形圆盘，通过圆盘轴杆插在下模中央的圆形孔中。为防止胶料泄漏，孔中应装配有一个稳定的低摩擦力的密封圈。测试时电机驱动下模锥形圆盘围绕中心位置以 1.00°的最大角位移量（总摆动幅度为 2°）左右摆动，给模腔内的试样施加一定的剪切作用力。由气泵推动气缸活塞下移，实现合模，闭合力为 11.0kN±0.5kN。在上下模合适位置钻孔，以便能插入温度敏感元件测量模腔温度。

（2）实验原理

将橡胶试样放入一个具有规定初始压力且完全密闭的模腔内保持实验温度。模腔有上下两部分，其中下模中的锥形圆盘以微小的摆角振荡。振荡使试样产生剪切应变，测定试样对上模腔的反作用转矩。此转矩取决于胶料的剪切模量。

根据弹性统计理论，胶料在模腔内的剪切模量与胶料的交联程度（即交联密度）如式(3-9) 所示。

$$G=VRT \tag{3-9}$$

式中 G——胶料的剪切模量，kPa；

V——交联密度，mol/L；

R——气体常数，8.314J/(mol·K)；

T——热力学温度，K。

测试时下模腔中的锥形圆盘以±1°的角度摆动，对胶料施加一定的剪切力σ_T、拉伸力σ和扭力，使胶料变形，产生扭矩。而胶料与上模腔接触，胶料的扭矩反作用于上模腔，使上模腔产生转矩。转矩M可用式(3-10)求得：

$$M=FS \tag{3-10}$$

式中 M——上模腔受到的转矩，N·m；

F——胶料对上模腔的作用力，N；

S——作用力对上模腔中心轴的垂直距离，即力臂，m。

用硫化仪测得的硫化曲线如图3-11所示。

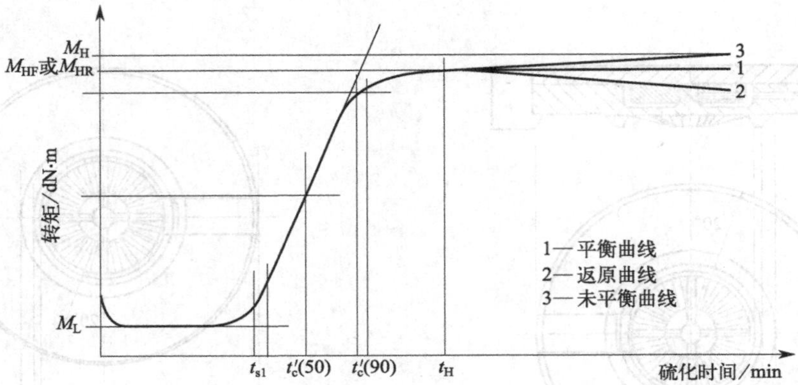

图3-11 硫化曲线

从硫化曲线上可以获得以下信息。

① 最低转矩（M_L），取决于未硫化胶料在低剪切速率下的刚度或黏度。

② 最高转矩（M_{HF}、M_{HR}、M_H），反映实验温度下测试硫化后的刚度。

③ 最高转矩与最低转矩差值（M_H-M_L），反映实验温度下测试硫化后的交联程度。

④ 初始硫化时间（焦烧时间，t_{s1}），反映胶料的加工安全性。

⑤ 工艺正硫化时间[$t_c'(90)$]。

⑥ 热硫化期的斜率k(硫化速率)，反映胶料硫化速度快慢。

⑦ 硫化平坦期的长短，反映胶料在硫化过程中的性能稳定性。

⑧ 胶料返原后曲线的变化情况。

3.5.4 试样准备和实验条件

试样是从按GB/T 6038—2006《橡胶试验胶料的配料、混炼和硫化设备及操作程序》标准的规定制备的混炼胶中裁取的。混炼好的胶片在23℃±5℃下至少调节3h。用剪刀或冲片机裁取直径约30mm、厚约3mm以上（或称量其质量约5g）的圆片状试样。取样时要求胶片上无气泡、杂质。

实验环境温度为标准温度，模腔的温度由具体胶料和加工工艺要求确定。推荐的测试温度为100～200℃，精确至0.1℃。必要时也可使用其他温度。应定期使用标准热电偶或其他适宜的温度传感器插入模腔内检查模腔温度。

下模腔锥形圆盘摆动的标准角度为1°，有时也采用3°的摆动角度。锥形圆盘摆动的频率为1.7Hz±0.1Hz。在特殊用途中，允许使用0.05～2Hz的其他频率。采用不同频率或振幅得到的结果不同。

模腔闭合力为11.0kN±0.5kN。

3.5.5　操作步骤

（1）打开电源，关闭模腔。在计算机系统上打开测试程序，进入测试页面，设定上、下模腔测试温度，打开加热器加热。使模腔温度达到设定温度，并稳定一段时间，使温度变化在±0.1℃以内。

（2）在计算机系统测试页面上输入胶料的名称、配方号、测试日期、操作者姓名和测试时间，并保存资料。

（3）打开模腔，将试样迅速放在下模锥形圆盘上，在5s内使模腔完全闭合，开始测试。若胶料黏性较强，可在试样的上下两面各放置一层厚度在0.02～0.03mm的热稳定性薄膜（如聚酯薄膜）。计算机系统自动记录转矩的变化。

（4）当曲线上升到最高并保持一平衡值或最大值时可终止实验。如果曲线继续上升，表明在规定的时间内硫化未完成，需要延长测试时间。如果要考察硫化返原现象，则需要等到硫化曲线上升到最高点后，再观察其是否出现下降。若硫化曲线开始下降，则停止实验；或者，当实验达到规定的过硫化时间时，也停止实验。

（5）打开模腔，取出试样，并清理模腔内溢出的胶料。

（6）打印硫化曲线，结束实验。

注意：若锥形圆盘沟槽或模腔里有残留胶料，应清理干净，否则会影响测试结果。建议每天用参比胶料进行实验，以检查残留胶料是否会影响测试结果。若黏结胶料较多，可用一柔性磨料轻轻磨去，但操作要小心仔细，避免磨坏沟槽尺寸。可采用超声波清洗或用热的溶剂或无腐蚀性的清洗剂把沉淀物除去。如果用溶剂或清洗剂时，清洗后的最初两组实验结果应作废。

3.5.6　实验结果

从硫化曲线上获得下列值。

（1）转矩值

M_L：最低转矩，N·m；

M_{HF}：平衡状态的转矩，N·m；

M_{HR}：最大转矩（返原曲线），N·m；

M_H：经规定时间后，在没有获得平稳值或最高值的曲线上所达到的最大转矩值，N·m。

硫化曲线达到平衡状态时，M_{HF}、M_{HR}、M_H 大小是相同的。

用公式(3-11) 计算出正硫化时间 $t'_c(90)$ 对应的转矩 M_{90}。

$$M_{90}=(M_H-M_L)\times 90\%+M_L \tag{3-11}$$

（2）时间

t_{sx}：超过 M_L 之后，转矩增加 x 单位的时间，min；

$t_c(y)$：达到最大转矩的 $y\%$的硫化时间，min；

$t'_c(y)$：转矩增加到 $M_L+(M_H-M_L)y\%$的硫化时间，min；

除了特殊规定，推荐使用下列参数。

焦烧时间 t_{s1}：从最低转矩回升一个转矩（1kg·cm 或 0.1N·m）时对应的时间，min；

半硫化时间 $t'_c(50)$：转矩增加到 $M_L+(M_H-M_L)50\%$ 的硫化时间，min；

工艺正硫化时间 $t'_c(90)$：转矩增加到 $M_L+(M_H-M_L)90\%$ 的硫化时间，min；

如果用 3°的振幅代替 1°标准振幅，那么应用 t_{s2} 取代 t_{s1}，即超过 M_L 之后，转矩增加 0.2N·m 的时间，min。

(3) 硫化速率指数

硫化速率指数（V_c）用式(3-12) 计算：

$$V_c=100/[t_c(y)-t_{sx}] \tag{3-12}$$

它与硫化速率曲线在陡峭区域内的平均斜率成正比。

3.5.7 影响因素

(1) 温度波动

当温度升高时，硫化速度加快，硫化时间缩短。如果测试过程中模腔的温度发生波动，测试的硫化时间就不准确。因而要严格控制模腔的温度，其波动范围不要超过±0.1℃。

不同厂家生产的硫化仪设备，因测温点位置或使用的温度敏感元件不同，设备显示的温度与模腔内胶料的实际温度存在差异，测温点距模腔越远，温度差异越大。故不同厂家的硫化仪测试同一块胶料得到的硫化特性参数有所不同，不同仪器间测试结果没有可比性，除非使用标准鉴定橡胶进行标定。

(2) 摆动角度

下模腔的摆动角度越大，转矩值越大。对于硬质胶料，由于胶料与模腔之间易打滑，摆动角度越大，打滑的可能性越大，结果越不准确。因此宜采用小摆动角度（1°），能克服打滑现象。对于软质胶料，胶料容易变形，不易打滑，因此可采用大摆动角度（3°）。

(3) 试样体积

测试时试样的体积大小要合适，如过大，则溢胶多，致使模腔温度过度冷却，从而影响实验结果。如果试样体积过小，则填不满模腔，致使胶料在模腔中滑动，影响测试准确性。

(4) 模腔压力

模腔压力也要合适。若压力过小，试样厚度增加，体积变大，转矩值偏低；若压力过大，没必要，且浪费能源。

3.5.8 思考题

(1) 简述硫化仪的工作原理。

(2) 从硫化曲线上可以得到哪些信息？

(3) 工艺正硫化时间和焦烧时间用什么符号表示？

(4) 硫化速率指数如何计算？有何用途？

(5) 影响硫化仪实验结果的因素有哪些？

实验 3.6 涂料黏度测定

3.6.1 概述

黏度大小对涂料的性能影响较大，直接关系到涂料储存稳定性、施工性能、涂抹成型及涂层厚度。流体在外力作用下发生流动与变形，液体分子间相互吸引，阻碍涂料分子间的相对运动从而形成流体层。流体层之间的相互作用形成流体内摩擦，黏度即为这种内部阻力的量度。涂料的施工存在多种方式，有刷涂、刮涂、辊涂、喷涂、淋涂和浸涂等。因此，涂层黏度被确定为涂料生产和检验中的常规项目。

涂料黏度检测方法有多种，如落球法、剪切速率测定法和流出法等。本实验所采用的涂-4 黏度计法是流出法的一种。

3.6.2 实验原理

涂-4 黏度计测定的黏度是条件黏度，即为一定量的试样，在一定的温度下从规定直径的孔流出所需的时间，以秒（s）表示，用规定的公式可将试样的流出时间秒（s）换算成运动黏度值厘斯（cSt，$1cSt=1mm^2/s$;）。$t<23s$ 时，$t=0.154\nu+11$；$23s<t\leqslant150s$ 时，$t=0.223\nu+6.0$。其中，t 为流出时间，s；ν 为运动黏度，mm^2/s。

图 3-12 涂-4 黏度计

3.6.3 仪器设备和材料

水性涂料；涂-4 黏度计（图 3-12）；水平仪；温度计；秒表；标准筛网；量杯。

3.6.4 操作步骤

（1）清洁

在测量前后，用纱布沾上清洁的液体将涂-4 黏度计清洁干净，并在空气中自然干燥；杯内壁和出孔位置也要保持干净，不要有之前测试黏度的涂料残留。

（2）调水平

将流量杯放置在横臂的圆环里，调整支架平台保持水平位置。

（3）温度控制

将涂料搅拌均匀，温度控制在 25℃±3℃。

（4）加涂料

将涂料加入黏度计，用手指堵住流出孔，将被测涂料慢慢倒入杯内，直至液面凸出杯的上边缘；如有气泡，待气泡浮到表面上时，用清洁的平玻璃板沿边缘平推一次，除去凸出的液面，将气泡刮平。

（5）测量

将手指放开，涂料垂直流出，用量杯承接；同时，开动秒表，试液流出成线条，断开时止动秒表，测得时间即代表其黏度，单位为秒（s）。

3.6.5 结果计算

（1）当流出时间≤30s 时，涂料黏度用式(3-13）进行计算：

$$\nu=(t-11)/0.154(\mathrm{mm}^2/\mathrm{s}) \tag{3-13}$$

（2）当流出时间为 30～150s 时，涂料黏度用式(3-14）进行计算：

$$\nu=(t-6)/0.223(\mathrm{mm}^2/\mathrm{s}) \tag{3-14}$$

3.6.6 思考题

（1）影响涂料黏度测量结果的因素有哪些？

（2）讨论实验温度对黏度的影响有哪些？

4 聚合物力学及化学性能测试实验

橡塑制品的性能由材料性能和制品的结构共同决定。制造橡塑制品的材料性能主要由其配方及加工工艺决定。材料性能主要有力学性能（拉伸强度、弯曲强度、冲击强度、伸长率、硬度、定伸应力、撕裂强度、回弹性、永久变形等）、抗疲劳性能（疲劳寿命、疲劳龟裂和裂口增长、伸张疲劳、压缩疲劳温升等）、耐磨性、气密性、电绝缘性、热性能（耐热性、传热性）、低温性能（脆性温度等）、耐老化性能（热空气老化、臭氧老化、天候老化等）、燃烧性能、耐介质性（酸、碱、强氧化剂、油等）等。

材料性能测试有两种方案。其中，一种方案是从成品上裁取试样，经切片、磨平等工艺操作制成标准试样，然后按照标准的测试方法或协商确定的测试方法进行测试。该方法的优点是能相对准确地反映产品的性能，但有局限性：一是制品的尺寸要足够大，能够取样，若尺寸太小或结构复杂，无法完成取样及制备标样，无法完成检测；二是切片、打磨会损伤样品的表面，影响测试结果的准确性。另一种方案是采用同批次的材料通过实验室标准方法制备标准试样，然后测试其性能。该方法能满足各种性能的测试要求，但标准试样的制备工艺与其产品的制造工艺有所不同，用实验室制备的标准试样测试的性能不能准确反映产品的性能。故材料性能测试主要是控制生产过程及产品质量的稳定性。

鉴于材料性能测试不能真实反映产品的实际使用性能，故许多橡塑制品要进行成品使用性能的模拟测试，所用的测试设备能够模拟制品实际使用的工况。通过成品使用性能测试的产品才可以投入实际使用，如轮胎的动平衡实验、爆破实验、耐久实验、高速性能、耐切割性能等。橡塑成品性能的测试是非常关键的一个环节，它能更确切地反映制品实际情况。由于没有统一的测试标准，各制品的实际使用要求也不一样，故本书没有将这部分内容列入。

本章主要介绍橡胶、塑料的力学性能及部分化学性能的测试方法。

实验 4.1 塑料拉伸性能

4.1.1 概述

拉伸性能是力学性能中最重要、最基本的性能之一。几乎所有的聚合物都要考核拉伸性能指标如拉伸强度、拉伸断裂应力、拉伸屈服应力、拉伸弹性模量、拉伸应变、屈服拉伸应变、拉伸断裂应变、拉伸标称应变、断裂标称应变、拉断伸长率和泊松比等参数。这些指标的高低与塑料的使用场合密切相关。

拉伸实验可作为产品质量控制的技术手段，对材料或产品按技术要求进行验收或拒收，为研究、开发与工程设计及其他目的提供数据参考。

4.1.2 实验目的

(1) 了解塑料材料使用时，其拉伸强度、拉伸断裂应力、拉伸屈服应力、拉伸弹性模量、拉伸应变、屈服拉伸应变、拉伸断裂应变、拉伸标称应变、断裂标称应变、拉断伸长率和泊松比等参数的意义。

(2) 了解塑料单轴拉伸过程中应力应变规律，掌握正确使用电子拉力机测定高分子材料拉伸性能实验方法。

(3) 熟悉拉伸实验涉及的相关术语，了解影响拉伸性能准确度的因素，结合《高分子物理》所学知识，进一步认识应力-应变的意义。

4.1.3 术语与应力-应变曲线

(1) 术语

拉伸应力：在试样标距内，单位原始截面积上所受的法向力，以 MPa 为单位。

拉伸屈服应力：屈服应变时的应力，以 MPa 为单位。

拉伸断裂应力：试样破坏时的拉伸应力。

拉伸强度：在拉伸实验过程中，观测到的最大初始应力。

拉伸应变：原始标距单位长度的增量，用无量纲的比值或百分数（%）表示。

$x\%$拉伸应变应力：在应变达到规定值（$x\%$）时的拉伸应力。

拉伸屈服应变：拉伸实验中初次出现应力不增加而应变增加时的应变，用无量纲的比值或百分数（%）表示。

拉伸断裂应变：对断裂发生在屈服之前的试样，应力下降至小于或等于强度的 10%之前最后记录的数据点对应的应变，用无量纲的比值或百分数（%）表示。

拉伸强度拉伸应变：拉伸强度对应的应变，用无量纲的比值或百分数（%）表示。

拉伸标称应变：横梁位移除以夹持距离，用无量纲的比值或百分数（%）表示。

拉伸断裂标称应变：对断裂发生在屈服后的试样，应力下降至小于或等于强度的 10%之前最后记录的数据点对应的标称应变，用无量纲的比值或百分数（%）表示。

拉伸弹性模量：应力-应变曲线（图 4-1）上应变 $\varepsilon_1=0.05\%$与应变 $\varepsilon_2=0.25\%$区间的斜率，以 MPa 为单位。此定义不适用于薄膜。

泊松比：在纵向应变对法向应变关系曲线的起始线性部分内，垂直于拉伸方向上的两坐标轴之一的拉伸应变与拉伸方向上的应变之比的负值，用无量纲的比值表示。

硬质塑料：在规定条件下，弯曲弹性模量或拉伸弹性模量（弯曲弹性模量不适应时）大于 700MPa 的塑料。

半硬质塑料：在规定条件下，弯曲弹性模量或拉伸弹性模量（弯曲弹性模量不适应时）在 70～700MPa 之间的塑料。

(2) 应力-应变曲线

典型应力-应变曲线见图 4-1。

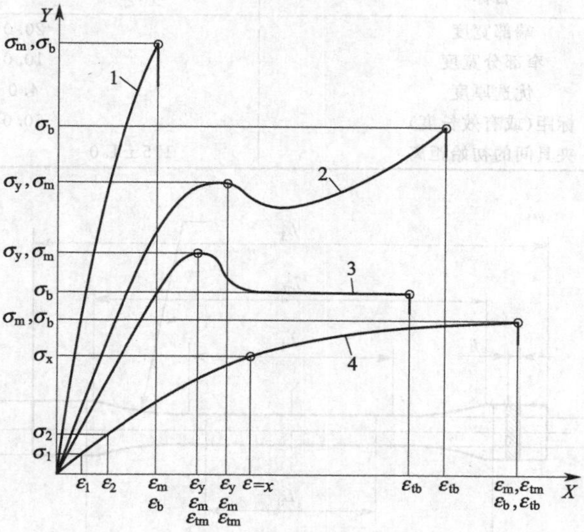

图 4-1 典型应力-应变曲线

曲线 1 为脆性材料的典型应力-应变曲线。曲线 2 和曲线 3 为韧性材料的应力-应变曲线，有明显的屈服点；曲线 2 屈服后应力继续增加，曲线 3 屈服后应力不再增加。曲线 4 为软质聚合物材料应力-应变曲线。曲线 4($\varepsilon_1=0.05\%$，$\varepsilon_2=0.25\%$)仅表示通过(σ_1，ε_1)和(σ_2，ε_3)是计算拉伸模量时所用的两个点。

应力-应变曲线一般分为两个部分：弹性变形区和塑性变形区。在弹性变形区域，材料发生可完全恢复的弹性变形，应力和应变呈正比例关系。曲线中直线部分的斜率即为拉伸弹性模量值，它代表材料的刚性。

弹性模量越大，材料的刚性越好。在塑性变形区，应力和应变增加不再保持正比，最终会导致材料断裂。

4.1.4 试样要求

(1) 试样形状和尺寸

塑料拉伸性能 1A 型试样和 1B 型试样如图 4-2 所示，1BA 型和 1BB 型试样如图 4-3 所示，5A 型和 5B 型试样见图 4-4。1A 型试样和 1B 型试样尺寸见表 4-1，1BA 型和 1BB 型试样尺寸见表 4-2，5A 型和 5B 型试样尺寸见表 4-3。

表 4-1 1A 型试样和 1B 型试样尺寸 单位：mm

符号	名称	1A	1B
L_3	总长度	≥150	
L_1	窄平行部分的长度	80±2	60±0.5
r	半径	20～25	60
L_2	宽平行部分间的距离	104～113	106～120

续表

符号	名称	1A	1B
b_2	端部宽度	20.0±0.2	
b_1	窄部分宽度	10.0±0.2	
h	优选厚度	4.0±0.2	
L_0	标距(或有效长度)	50.0±0.5	
L	夹具间的初始距离	115±1.0	106～120

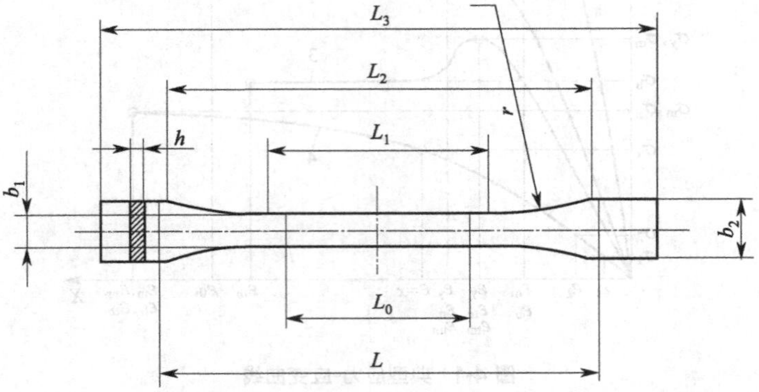

图 4-2 1A 型试样和 1B 型试样

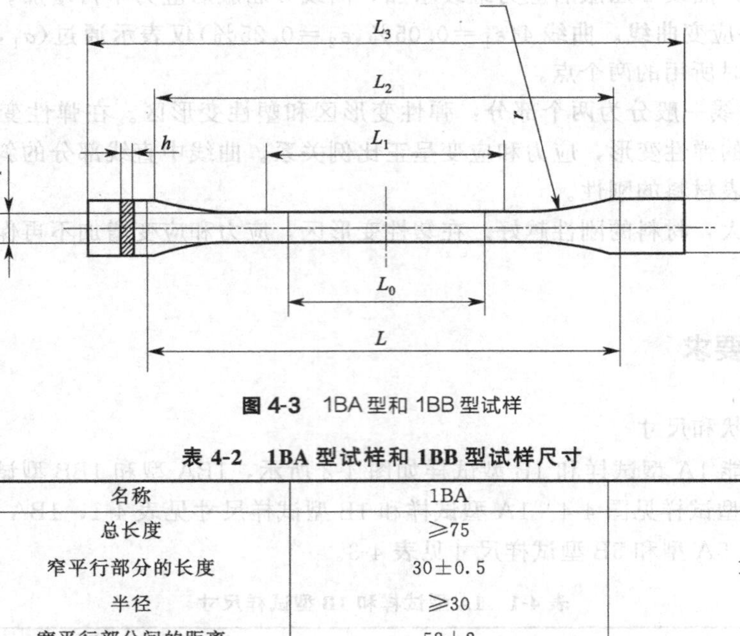

图 4-3 1BA 型和 1BB 型试样

表 4-2 1BA 型试样和 1BB 型试样尺寸 单位：mm

符号	名称	1BA	1BB
L_3	总长度	≥75	≥30
L_1	窄平行部分的长度	30±0.5	12±0.5
r	半径	≥30	≥12
L_2	宽平行部分间的距离	58±2	23±1
b_2	端部宽度	10±0.5	4±0.2
b_1	窄部分宽度	5±0.5	2±0.2
h	厚度	≥2	≥2
L_0	标距	25±0.5	10±0.2
L	夹具间的初始距离	$L_2{}^{+2}_{\ 0}$	$L_2{}^{+1}_{\ 0}$

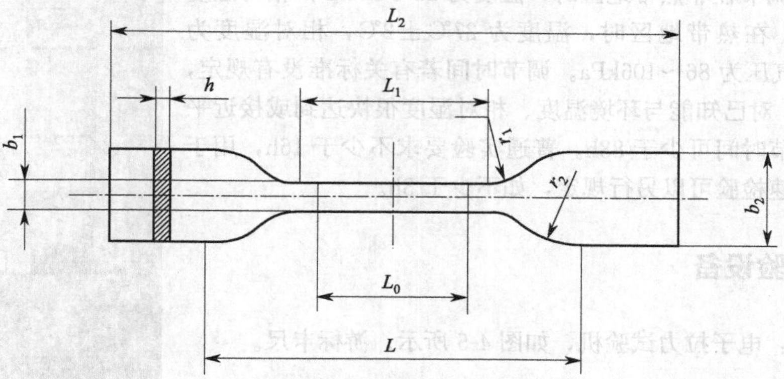

图 4-4 5A 型和 5B 型试样

表 4-3 5A 型试样和 5B 型试样尺寸 单位：mm

符号	名称	5A	5B
L_2	总长度	≥75	≥35
L_1	窄平行部分的长度	25±1	12±0.5
r_1	小半径	8±0.5	3±0.1
r_2	大半径	12.5±1	3±0.1
b_2	端部宽度	12.5±1	6±0.5
b_1	窄部分宽度	4±0.1	2±0.1
h	厚度	≥2	≥1
L_0	标距	25±0.5	10±0.2

(2) 试样数量

每个受试方向和每项性能（拉伸模量、拉伸强度等）的实验，试样数量不少于 5 个。如果需要精密度更高的平均值，试样数量可多于 5 个，可用置信区间（95%概率）估算得出。

应废弃在肩部断裂或塑性变形扩展到整个肩宽的哑铃形试样并另取试样重新实验。当试样在夹具内出现滑移或在距任一夹具 10mm 以内断裂，或由于明显缺陷导致过早破坏时，由此试样得到的数据不应用来分析结果，应另取试样重新实验。

4.1.5 实验条件

塑料拉伸性能与拉伸速度有很大关系，拉伸实验速度应从表 4-4 中选择。

表 4-4 拉伸实验速度

速度/(mm/min)	允差/%	速度/(mm/min)	允差/%
0.125	±20	10	±20
0.25	±20	20	±10
0.5	±20	50	±10
1	±20	100	±10
2	±20	200	±10
5	±20	500	±10

注意：速度选择依据是产品标准或委托方对材料拉伸速度有明确要求的，按要求的速度进行拉伸，无要求的可协商进行。拉伸模量实验时速度选用 1mm/min。对于无明确要求的可以按如下原则选择拉伸速度，即单个试样整个拉伸过程用的时间控制在 0.5～5min 之内。

试样状态调节在非热带地区时，温度为 23℃±1℃，相对湿度为 50%±5%；在热带地区时，温度为 27℃±2℃，相对湿度为 65%±10%，气压为 86～106kPa。调节时间若有关标准没有规定，则不少于 88h。对已知能与环境温度、相对湿度很快达到或接近平衡的材料，调节时间可少于 88h。普通实验要求不少于 16h，用于实际生产的快速检验可以另行规定，如不少于 3h。

图 4-5 电子拉力试验机

4.1.6 实验设备

实验设备：电子拉力试验机，如图 4-5 所示；游标卡尺。

4.1.7 实验步骤

(1) 实验步骤

① 试样预处理。试样放置在标准实验环境中不少于 16h。

② 在每个试样中部距离标距每端 5mm 以内测量宽度 b 和厚度 h。宽度 b 精确至 0.1mm，厚度 h 精确至 0.02mm，每个试样在标距内测量三点取算术平均值，并根据对应的试样类型规定的标距画好标距线。

③ 打开电子拉力试验机控制计算机系统，运行软件，输入测量和实验所需的原始数据，包括试样原始宽度、厚度、拉伸速度、标距、试样个数、样品名称、实验编号等内容。

④ 将试样按要求装好，试样纵轴应与上、下夹具中心线相重合，形变传感器夹在试样的有效标距处。

⑤ 负荷与位移（或变形量）清零。

⑥ 进行测试，直到试样拉断，设备自动回位或手动复位。实验过程中应注意观察试样的变化（如应力发白、银纹的产生及细颈的出现和发展），仪器会自动给出拉伸性能测试结果。

⑦ 取出被拉断的试样，重复以上操作，不少于 5 个试样；将所有试样测试完毕，若试样断裂位置不在有效标距内，应重补一个试样。

(2) 操作要点

① 在试样中间平行部分作标线，标明标距。此标线应对测试结果没有影响。

② 测量试样中间平行部分的宽度和厚度，每个试样测量 3 点，取算术平均值。

③ 实验速度应根据受试材料和试样类型进行选择。也可按被测材料的产品标准或双方协商决定。

④ 夹具夹持试样时，要使试样纵轴与上、下夹具中心连线重合，且松紧要适宜，如图 4-6 所示。应防止试样滑脱或断在夹具内。

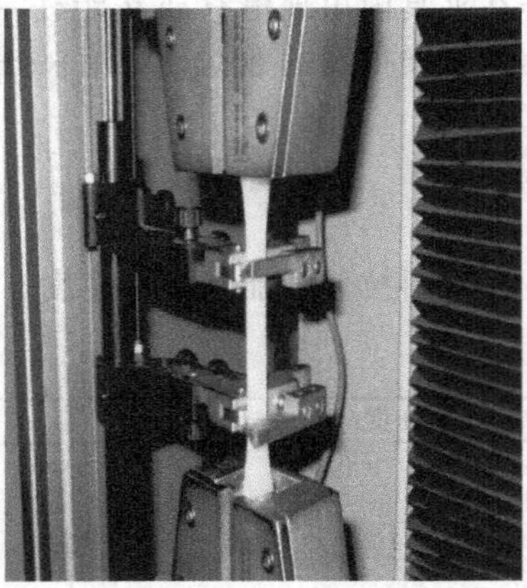

图 4-6 试样夹持图

⑤ 根据材料强度的高低选用不同吨位的拉力试验机，使示值在拉力试验机量程的 10%～90%范围内，示值误差应在±1%之内，并进行定期校准。

⑥ 试样断裂在中间平行部分之外时，此实验作废，应另取试样补做。

4.1.8 结果计算和表示

(1) 拉伸强度

拉伸强度按照式(4-1) 计算:

$$\sigma=\frac{F}{A} \tag{4-1}$$

式中 σ——拉伸强度,MPa;

F——拉伸过程中直至试样断裂最大负荷,N;

A——试样原始横截面积,mm^2。

(2) 应变

应变按式(4-2) 计算:

$$\varepsilon=\frac{\Delta L_0}{L_0} \quad 或 \quad \varepsilon(\%)=\frac{\Delta L_0}{L_0}\times 100\% \tag{4-2}$$

式中 ε——应变,用比值或百分数表示,%;

L_0——试样的标距,mm;

ΔL_0——试样标记间长度的增量,mm。

(3) 有效数字

拉伸强度、应力和模量保留三位有效数字,应变和泊松比保留两位有效数字。

4.1.9 影响因素

拉伸实验是用标准形状的试样,在规定的标准化状态下测定塑料的拉伸性能。标准化状态包括:试样制备、状态调节、实验环境和实验条件等。这些因素都将直接影响实验结果。此外,试验机特性、实验者个人操作熟练程度、工作责任心等也会对测试结果产生影响。所以,影响因素很多。

(1) 拉伸速度的影响

塑料属黏弹性材料,它的应力松弛过程与变形速率紧密相关,应力松弛需要一个时间过程。低速拉伸时,分子链来得及位移、重排,呈现韧性行为。表现为拉伸强度减小,而断裂伸长率增大。高速拉伸时,高分子链段的运动跟不上外力作用速度,呈现脆性行为。表现为拉伸强度增大,断裂伸长率减小。由于塑料品种繁多,不同品种的塑料对拉伸速度的敏感度不同。硬而脆的塑料对拉伸速度比较敏感,一般采用较低的拉伸速度。韧性塑料对拉伸速度的敏感性小,因此一般采用较高的拉伸速度,以缩短实验周期,提高效率。

(2) 温度的影响

从高分子材料的力学性能可以发现材料对温度的依赖性。随着温度的升高,拉伸强度降低,而断裂伸长率增大;反之,结果相反。因此,实验要求在规定的温度下进行。

4.1.10 思考题

(1) 为什么塑料拉伸实验时要严格控制实验条件?对比一下在慢速和极高速 (500mm/min) 下拉伸的结果,并讨论。

（2）如何根据应力-应变曲线判断材料的使用性能？

（3）简述应力-应变曲线、屈服点、屈服应力、拉伸强度、拉伸断裂应变的概念。

（4）拉伸强度和拉伸断裂应变如何取值，各保留几位有效数字？

实验 4.2 硫化橡胶拉伸应力应变性能

4.2.1 概述

任何橡胶制品都应满足一定的强度要求，因此在设计胶料配方、确定工艺条件以及进行成品的质量检测时，均需进行强度实验。此外，橡胶的耐老化、耐溶胀等性能的优劣，也需通过相应的实验予以鉴定。因此，强度是橡胶的重要常规性能指标之一，几乎所有的橡胶制品在配方开发过程中都要检测硫化橡胶的拉伸应力应变性能。与硫化橡胶拉伸应力应变性能有关的名词术语定义如下。

（1）拉伸应力：拉伸试样所施加的应力，其值为所施加的力与试样实验长度的原始横截面面积之比。

（2）伸长率：由于拉伸应力而引起试样产生的形变，用试样实验长度变化的百分数表示。

（3）哑铃状试样的实验长度：哑铃状试样狭窄部分的长度内，用于测量伸长率的基准标线之间的初始距离，简称“标距”。

（4）拉伸强度：试样拉伸至断裂过程中的最大拉伸应力。

（5）断裂拉伸强度：又称拉断强度，是试样拉伸至断裂时刻所记录的拉伸应力。

（6）定伸应力：将试样的实验长度部分拉伸到给定伸长率所需的应力。

（7）定应力伸长率：试样在给定拉伸应力下的伸长率。

（8）拉断伸长率：试样断裂时的百分比伸长率。

（9）屈服点拉伸应力：应力-应变曲线上出现应变进一步增加而应力不再增加的第一个点对应的应力。

（10）屈服点伸长率：应力-应变曲线上出现应变进一步增加而应力不增加的第一个点对应的拉伸应变。

（11）拉伸永久变形：将试样拉伸至断裂，在使其在自由状态下恢复一定的时间后剩余的变形，其值为工作部分伸长的增量与初始长度之比。

拉伸应力应变术语图解见图 4-7。

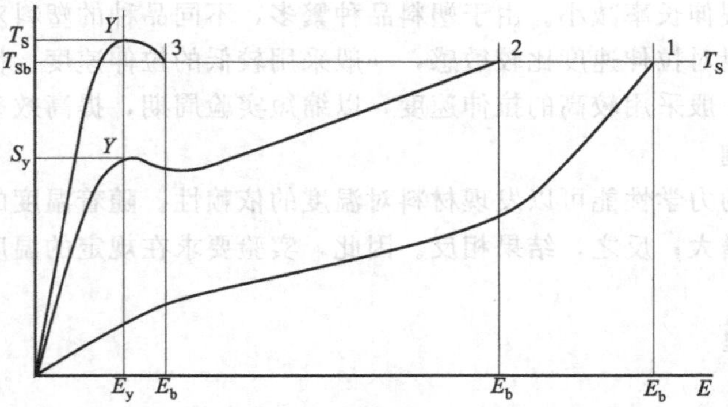

图 4-7 拉伸应力应变术语图解

E_b—拉断伸长率；E_y—屈服点伸长率；S_y—屈服点拉伸应力；T_S—拉伸强度；T_{Sb}—断裂拉伸强度

4.2.2　实验目的

了解电子拉力机的结构和工作原理，掌握拉伸试样的制备方法，掌握橡胶拉伸性能的测试方法和操作步骤，了解影响拉伸强度测试结果的因素。

4.2.3　实验仪器及实验原理

4.2.3.1　实验仪器

测量硫化橡胶拉伸应力应变性能的设备主要有拉力试验机、裁刀、裁片机、垫板、测厚仪、打标器。此外，标准实验室中还应配备一台合适的恒温箱。

(1) 拉力试验机

测定硫化橡胶拉伸应力应变性能用的设备主要是拉力试验机，一般由机架、加荷机构、夹具、测力机构、记录装置、缓冲装置、力的传动机构、伸长计和控制台等部分组成。现拉力试验机多采用计算机系统伺服电子拉力机。

拉力试验机更换夹持器后，都可进行拉伸、压缩、弯曲、剪切、剥离和撕裂等力学性能实验。附加高温和低温装置即可进行在高温或低温条件下的力学性能实验。

① 测力系统。机架包括引导活动十字头的两根主柱，十字头通过两根丝杠进行传动，而丝杠由交流电机和变速箱控制。电机与变速箱用皮带和皮带轮连接。伺服控制键盘具有上升、下降、复位、变速、停止等功能。测力系统采用无惰性的负荷传感器，可以根据测量的需要更换传感器，以适应不同的测量精度范围。由于不采用杠杆和摆锤测量方式，减少了机械摩擦和惰性，从而大大提高了测量精度。

② 测伸长装置。红外线非接触式伸长计是在跟踪器上采用了红外线，可以自动寻找、探测和跟踪加在试样上的标记。这种红外线测伸长计操作简便，适用于生产质量控制实验。红外线测伸长计原理如图 4-8 所示。

接触式伸长计原理基本与非接触式伸长计的原理相似。它是采用了两个接触式夹头夹在试样标线上，其接触压力约为 0.50N。当试样伸长时带动两个夹持在试样标线的夹头移动，这两个夹头由两条绳索与一个多圈电位器相连，两个夹头的位移使绳索的抽出量发生变化，也就改变了电位器的阻值，因而也改变了电位器的输出信号，从而反映试样的应变值。其数值由记录或显示装置示出。这种测伸长计在很多拉力试验机上都已采用。

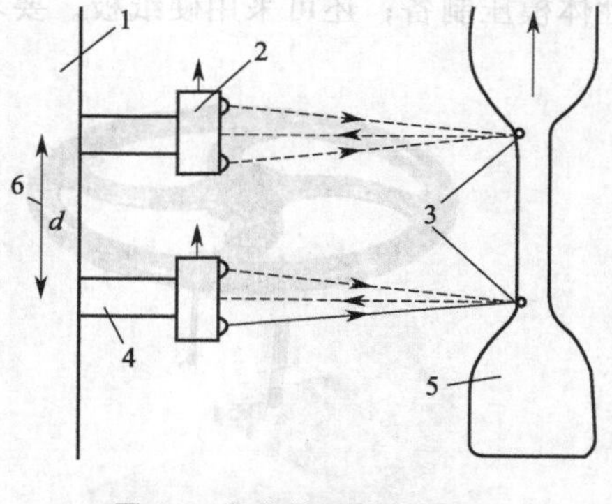

图 4-8　红外线测伸长计原理

1—伸长测定装置机身；2—上跟踪头；3—标记；4—下跟踪头；5—试样；6—伸长累积转换器

伸长计的精度：1 型、1A 型、2 型哑铃状试样为 D 级，3 型和 4 型哑铃状试样为 E 级。

拉力试验机应至少能在 (100±10) mm/min、(200±20)mm/min、(500±50)mm/min 的移动速度下进行操作。

(2) 裁刀、裁片机及垫板

测试硫化橡胶拉伸应力应变性能所需试样是用规定尺寸的裁刀在标准试片上用裁片机裁切的。制备哑铃状试样用的裁刀有 1 型、1A 型、2 型、3 型、4 型五种规格。哑铃状裁刀如

图 4-9 所示，哑铃状试样用裁刀尺寸见表 4-5。裁刀狭窄平行部分任一点宽度的偏差应不大于 0.05mm，裁刀刀口尺寸见图 4-10。

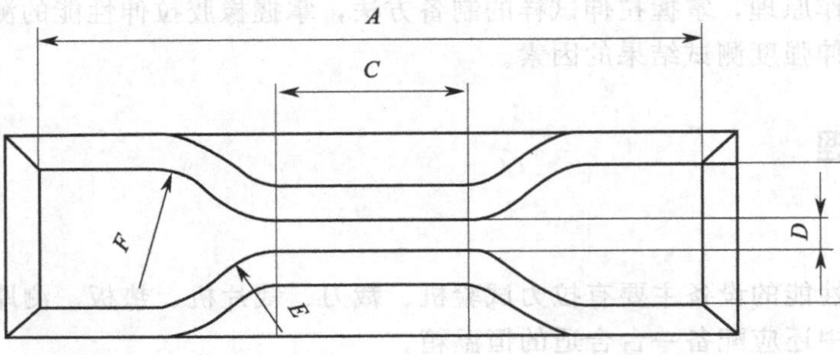

图 4-9 哑铃状裁刀

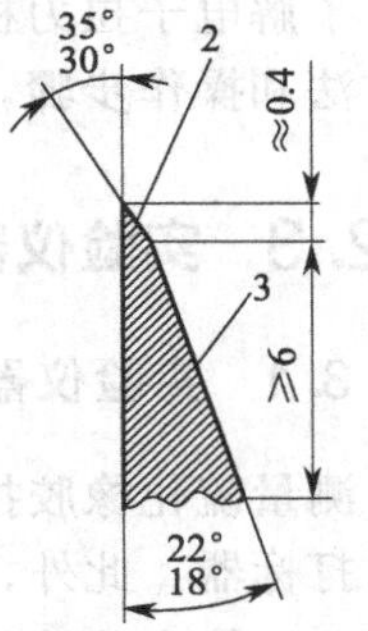

图 4-10 裁刀刀口尺寸

表 4-5 哑铃状试样用裁刀尺寸 单位：mm

部位	1 型	1A 型	2 型	3 型	4 型
A 总长度①	115	100	75	50	35
B 端部宽度	25.0±1.0	25.0±1.0	12.5±1.0	8.5±0.5	6.0±0.5
C 狭窄部分长度	33.0±2.0	20.0～22.0	25.0±1.0	16.0±1.0	12.0±0.5
D 狭窄部分宽度	6.0～6.4	5.0±0.1	4.0±0.1	4.0±0.1	2.0±0.1
E 外侧过渡边半径	14.0±1.0	11.0±1.0	8.0±0.5	7.5±0.5	3.0±0.1
F 内侧过渡边半径	25.0±2.0	25.0±2.0	12.5±1.0	10.0±0.5	3.0±0.1

① 为确保只有两端宽大部分与机器夹持器接触，增加总长度从而避免"肩部断裂"。

裁片机有手动裁片机（图 4-11）和气动裁片机（图 4-12）两种。

垫板的主要作用是保护刀口，可以用铅板、聚乙烯或聚丙烯塑料板，也可以用热塑性弹性体模压制备；还可采用硬纸板。要求垫板表面平滑，裁切后不起毛、不碎裂。

图 4-11 手动裁片机

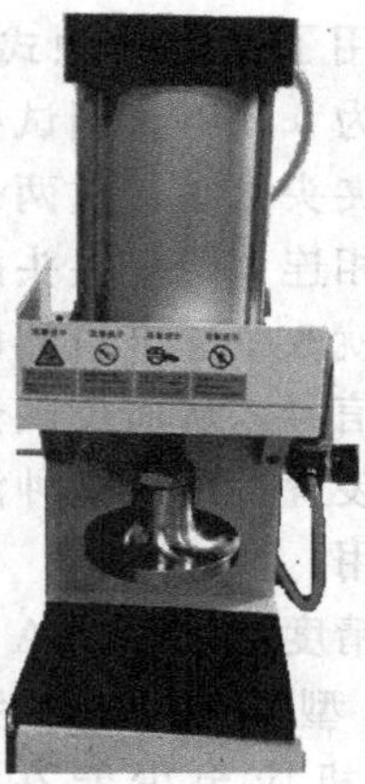

图 4-12 气动裁片机

（3）测厚仪

测厚仪如图 4-13 所示，精度为 0.01mm。

测厚仪主要技术参数如下。

测量范围：0～10mm。

分度值：0.01mm。

上测足直径：6.0mm±0.05mm。

施加压力：22kPa±5kPa。

（4）打标器

打标器是在哑铃状试样上打印实验长度标记线的装备。打标器如图 4-14 所示。

图 4-13 测厚仪

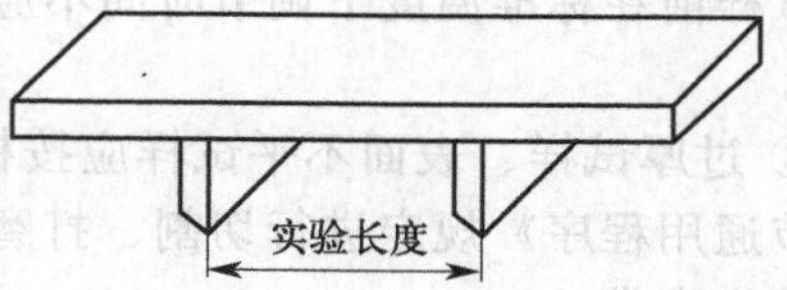

图 4-14 打标器

4.2.3.2 实验原理

在动夹持器或滑轮恒速移动的拉力试验机上，将哑铃状或环状标准试样进行拉伸，负荷传感器记录拉伸过程的力值，伸长计记录拉伸过程的应变。按要求记录试样在不断拉伸过程中和当其断裂时所需的力和伸长率的值，通过公式计算应力值。

4.2.4 试样制备

（1）试样种类及数量

测量硫化橡胶拉伸应力应变性能所用的试样有哑铃状和环形两类，其中哑铃状试样常用。测定拉伸强度、定应力伸长率及定伸应力、拉断伸长率宜选用哑铃状试样。哑铃状试样又有 1 型、1A 型、2 型、3 型和 4 型五种规格，一般采用 1 型、1A 型和 2 型试样，只有在材料不足以制备大试样的情况下才使用 3 型和 4 型试样。对于相同材料，哑铃状试样和环形试样测试的结果不一致；对于不同材料，两种试样测试结果没有可比性。尺寸不同的哑铃状试样测试结果也有差异，一般大尺寸试样测试结果偏低。

实验的试样应不少于 3 个。试样的数量应提前确定，使用 5 个试样的不确定度要低于用 3 个试样的实验。

（2）试样制备方法

哑铃状试样（如图 4-15 所示）按 GB/T 2941—2006《橡胶物理试验方法试样制备和调

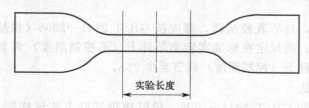

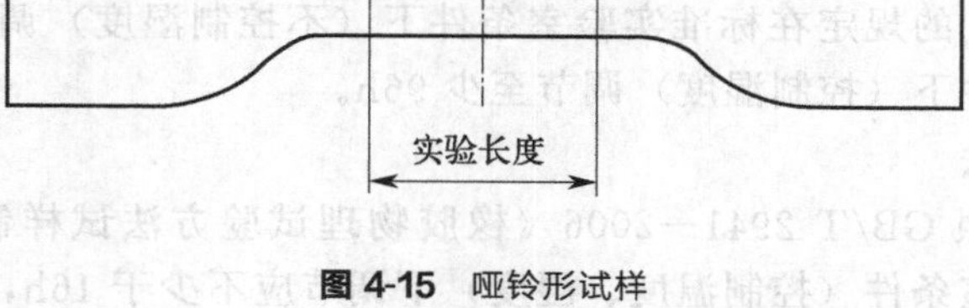

图 4-15 哑铃形试样

节通用程序》规定的相应方法制备。采用表 4-5 所示尺寸的哑铃状裁刀从一定厚度的标准试片上裁取。其中 1 型、1A 型、2 型、3 型试样狭窄部分的标准厚度为 2.0mm±0.2mm，4 型为 1.0mm±0.1mm。不同尺寸哑铃状试样的实验长度如表 4-6 所示。

表 4-6 哑铃状试样的实验长度 单位：mm

试样类型	1 型	1A 型	2 型	3 型	4 型
实验长度	25.0±0.5	20.0±0.5	20.0±0.5	10.0±0.5	10.0±0.5

注：1A 型实验长度不应超过试样狭窄部位的长度。

裁切时的注意事项如下。

① 在裁切之前，试片或样品应在标准温度、湿度下调节一段时间。经砂轮打磨的样品，裁切试样前在标准温度下调节时间不应少于 16h，内部质量控制试样温度的调节时间不应少于 3h。

② 过厚试样、表面不平试样应按标准 GB/T 2941—2006《橡胶物理试验方法试样制备和调节通用程序》规定进行切割、打磨，切割采用旋转刀设备或切割机，打磨设备采用砂轮或挠性打磨带。

③ 试样在停放过程中不应受机械应力、热的作用及阳光直接照射，不与溶剂及腐蚀性介质接触。

④ 裁片前应用放大镜检查裁刀刀口有无缺口，尤其是狭窄的工作部位，有缺口的裁刀不能使用。试样的工作部分不应有任何缺陷和机械损伤。

⑤ 试片裁刀在裁片时用洁净的自来水或中性肥皂水溶液湿润。

⑥ 用裁片机裁片时，一次只准裁一个试样，不准叠加在一起，不准重刀（一次裁断）。

⑦ 裁片时哑铃状试样拉伸受力方向应与压延方向一致。

⑧ 为了保护裁刀，应在胶片下垫以适当厚度的铅板或硬纸板，裁切时垫板上要求不重痕。裁切一个试样后更换垫板的位置。裁切后切不可将裁刀刀口与工作台接触。裁刀用毕，须立即拭干、涂油，应刀口朝上放置或放置在柔软的物体（如海绵）上，以防损坏刀刃。

⑨ 同一批试样要用同一方法、同一设备制备，试样规格要一样，使用同一裁刀裁切样品，其实验结果才有可比性。

4.2.5 测试条件

4.2.5.1 试样调节

（1）硫化与实验之间的时间间隔

对所有实验，硫化与实验之间的最短时间间隔应为 16h。对非制品实验，时间间隔最长为 4 周；对制品实验，时间间隔最长不超过 3 个月。若实验为委托检测，则应在收到制品之日起 2 个月内进行实验。对于比对评估实验，应尽可能在相同的时间间隔内进行。

（2）样品的调节

在裁切试样之前，对非乳胶试样，都应按 GB/T 2941—2006《橡胶物理试验方法试样制备和调节通用程序》的规定在标准实验室条件下（不控制湿度）调节至少 3h；对乳胶试样，在标准实验室条件下（控制湿度）调节至少 96h。

（3）试样调节方法

所有试样均应按照 GB/T 2941—2006《橡胶物理试验方法试样制备和调节通用程序》的规定，在标准实验室条件（控制温度、湿度）下调节应不少于 16h，然后立即实验。若不需控制湿度，试样的调节应不少于 3h，然后立即实验。如果试样的制备需要打磨，则打磨与实验之间的时间间隔应不少于 16h，但不应大于 72h。

对于在标准实验室温度下进行的实验，若试样是从经调节的实验样品上采取，无须做进一步的制备，则试样可直接进行实验。对需要进一步制备的试样，应使其在标准实验室温度下调节至少 3h。

对于在标准实验室温度以外的温度下的实验，应按 GB/T 2941—2006《橡胶物理试验方法试样制备和调节通用程序》的规定在该实验温度下调节足够长的时间，以保证试样温度达到充分的平衡。

4.2.5.2 实验条件

(1) 实验温度

在标准实验室温度下进行。当要求采用其他温度时，应按 GB/T 2941—2006《橡胶物理试验方法试样制备和调节通用程序》的规定选取。在进行对比实验时，任一个或一批实验都应采用相同的温度。

(2) 拉伸速率

1 型、1A 型、2 型试样的拉伸速度为 (500±50)mm/min。3 型和 4 型试样的拉伸速度为 (200±20)mm/min。

4.2.6 实验步骤

(1) 按照规定裁切试样，并标上编号，用打标器在试样狭窄部位打上两条平行标记线。每条标线应与试样中心等距。

(2) 按顺序排列好试样，用精度为 0.01mm 的测厚仪测量试样工作部位的厚度，测三点，一点在试样工作部分的中心处，另两点在两条标线的附近。取三个测量值的中值作为工作部分的厚度值。三个厚度测量值都不应大于厚度中位数的 2%。否则试样不合格，需要更换试样。

(3) 将裁好的试样放在标准条件（恒温恒湿箱）下调节一段时间。

(4) 打开电子拉力试验机电源开关，开启控制计算机系统。打开计算机系统中实验操作平台，在拉伸应力应变性能测试界面选择试样类型和拉伸速率。

(5) 输入试样名称、测试时间，依次输入各试样的厚度，保存。将试样对称并垂直地夹于上下夹持器上，将测量应变的夹头夹在试样狭窄部位上下标记线上，点击开始测试。计算机系统自动记录测试过程的力值和形变量，至试样断裂时夹持器返回。

(6) 根据电子拉力试验机自动记录和绘制的负荷-伸长率曲线，读取相应的力值和伸长率。通过公式计算测试结果，或由计算机系统程序直接从负荷-伸长率曲线上读数并计算，直接输出测试结果。

(7) 测定拉断永久变形时，将断裂后的试样放置 3min，再把断裂的两部分吻合在一起。用精度为 0.05mm 的量具测量试样两条平行标线间的距离，按公式计算永久变形值。

(8) 一组实验测试结束，更换另一组试样，重复 (5)～(7) 操作步骤，至所有试样测试结束。打印测试数据，关闭程序和计算机系统主机，关闭拉力试验机设备开关，拉下电闸。整理工作台，清理卫生。

注意：如果试样在狭窄部分以外断裂或试样滑脱，则舍弃该实验结果，并另取一试样重复实验。

4.2.7 结果计算与处理

4.2.7.1 实验结果计算

（1）定伸应力和拉伸强度

定伸应力和拉伸强度按式(4-3) 计算：

$$\sigma=\frac{F}{b \cdot d} \tag{4-3}$$

式中 σ——定伸应力或拉伸强度，MPa；

F——试样所受的作用力，N；

b——试样工作部分宽度，mm；

d——试样工作部分厚度，mm。

（2）定应力伸长率和扯断伸长率

定应力伸长率和扯断伸长率按式(4-4) 计算：

$$\varepsilon=\frac{L_1-L_0}{L_0}\times 100\% \tag{4-4}$$

式中 ε——定应力伸长率或扯断伸长率，%；

L_1——试样达到规定应力或扯断时的标距，mm；

L_0——试样初始标距，mm。

（3）拉断永久变形

拉断永久变形按式(4-5) 计算：

$$H=\frac{L_2-L_0}{L_0}\times 100\% \tag{4-5}$$

式中 H——扯断永久变形，%；

L_2——试样扯断后，停放 3min 对起来的标距，mm；

L_0——试样初始标距，mm。

若采用计算机系统自动记录负荷-伸长率曲线，相应测试结果直接由程序输出，可以得到拉伸应力-应变曲线及测试数据。

4.2.7.2 实验结果处理

拉伸性能实验中所需的试样数量应不少于 3 个。但是对于一些鉴定、评比、仲裁等实验中的试样数量应不少于 5 个。各性能的测试结果取 3 个（或 5 个）试样对应性能数据的中位数。实验数据按数值递增的顺序排列，实验数据如为奇数，取其中间数值为中位数；若实验数据为偶数，取其中间两个数值的算术平均值为中位数。

4.2.8 影响因素

影响橡胶拉伸性能实验的因素很多，基本可分为两个方面：一是工艺过程的影响，例如混炼工艺、硫化工艺等；二为实验条件的影响。

（1）实验温度的影响

温度对硫化胶的拉伸性能有较大的影响。一般来说橡胶的拉伸强度和定伸应力随温度的升高而逐渐下降，拉断伸长率则有所增加，对于结晶速度不同的胶种影响更明显。这是由于温度升高后，橡胶分子链的热运动加剧，松弛过程进行较快，且分子链柔性增大，分子间作用力减弱所导致。

（2）试样宽度的影响

即使用同一工艺条件制作的试样，由于工作部分宽度不同所得结果也不同，不同规格的试样所得实验结果没有可比性。同一种试样的工作部分宽度大，则其拉伸强度和扯断伸长率有所降低。产生这种现象的原因可能是：①胶料中存在微观缺陷，这些缺陷虽经过混炼但没能消除，面积越大则存在缺陷的概率越大；②在实验过程中，试样各部分受力不均匀，试样边缘部分的应力要大于试样中间的应力，试样越宽，差别越大。这种边缘应力的集中，是造成试样早期断裂的一种原因。

（3）试样厚度的影响

硫化橡胶在进行拉伸性能实验时，标准规定试样厚度为 2.0mm±0.2mm。随着试样厚度的增加，其拉伸强度和扯断伸长率都降低。产生这种现象的原因除了试样在拉伸时各部分受力不均外，还有试样在制备过程中，裁取的试样断面形状不同。在裁取试样时，试样越厚，变形越大，导致试样的断面面积减少，所以拉伸强度和扯断伸长率比薄试样偏低。

（4）拉伸速度的影响

硫化胶在进行拉伸性能实验时，标准规定拉伸速度为 500mm/min。拉伸速度越快，拉伸强度越高。但在 200～500mm/min 这一段速度范围内，对实验结果的影响不太显著。

（5）试样停放时间的影响

实验结果表明，停放时间对拉伸强度的影响不十分显著，拉伸强度随停放时间的延长而稍有增大。产生这种现象的原因可能是试样在加工过程中因受热和机械的作用而产生内应力，放置一定时间可使其内应力逐渐趋向均匀分布，以致消失。因而在拉伸过程中就会均匀地受到应力作用，不至于因局部应力集中而造成早期破坏。试样停放时间对饱和橡胶拉伸性能的影响要大于不饱和橡胶。

（6）压延方向与试样夹持状态

硫化胶在进行拉伸性能实验时，应注意压延方向，在 GB/T 528—2009《硫化橡胶或热塑性橡胶　拉伸应力应变性能的测定》标准中规定，片状试样在拉伸时，其受力方向应与压延、压出方向一致，否则其实验结果会显著降低。

平行于压延方向的拉伸强度比垂直压延方向的拉伸强度高。

在夹具间，试样须垂直夹持；否则，会由于试样倾斜而造成受力、变形不均，削弱分子间作用力，降低所测性能值。

4.2.9　思考题

（1）拉伸性能包括哪些？

（2）影响拉伸强度的因素有哪些？

（3）简述拉伸样条的方向与压延方向的关系。

(4) 简述拉伸强度、定伸应力、拉断伸长率等的表示方法及单位。

实验 4.3 浸胶线绳拉伸性能

4.3.1 概述

浸胶线绳采用聚酯长丝(或芳纶纤维等)经合股加捻成绳、表面浸胶、热处理定型而制成,具有高强力、高模量、低伸长、耐热、耐疲劳、尺寸稳定性好和耐腐蚀能力强等优点而成为橡胶制品用理想骨架材料,广泛应用于 V 带、多楔带、胶管和轮胎中。

4.3.2 实验目的

(1) 了解拉伸性能对评价浸胶线绳力学性能的意义,掌握实验方法。
(2) 通过实验了解纤维作为骨架材料在橡胶制品中的深入应用。
(3) 了解线绳在橡胶制品成型温度条件下的拉伸性能衰减情况。

4.3.3 实验原理

在规定的实验条件下,将浸胶线绳固定在拉力试验机上,以恒定的拉伸速度对试样施加拉力,直到试样断裂为止,从而通过计算或者从拉力试验机中直接读出拉伸强度、断裂伸长率和弹性模量等拉伸性能相关数据。

4.3.4 实验仪器

拉力试验机,线绳拉伸专用夹具,鼓风恒温干燥箱,游标卡尺。

4.3.5 实验步骤

(1) 取样
从浸胶线绳辊中取出 20 个 500～600mm 长度的试样,不要人为加捻、退捻、扭曲和打折等,将电子拉力机速度设定为 250mm/min,预加张力 2N。
(2) 实验操作
将 10 个试样放在温度为 160℃的干燥箱中,30min 后取出,室温放置 30min。分别将加热过的试样和未加热处理的试样固定在夹持器上,启动拉力试验机,直至试样断裂为止,记录拉伸性能数据。实验时,如果试样在夹具附近出现断裂、打滑等异常情况应剔除该试样,并重新取样进行补充。

4.3.6 数据计算

断裂强力和断裂伸长率从拉力机控制单元读取,结果均保留小数点后 1 位有效数字,取其算术平均值作为实验结果。

4.3.7 思考题

(1) 拉伸性能包括哪些?

(2) 影响拉伸性能的因素有哪些?

实验 4.4 塑料简支梁冲击强度

4.4.1 概述

塑料冲击强度用于评价抵抗冲击的能力或判断材料本身脆性或韧性程度，是反映材料韧性好坏的一个指标。冲击强度是试样破坏时所吸收的冲击能量，与试样原始横截面积有关。

大多数硬质塑料的冲击性能表现为缺口（缺陷）敏感，影响因素较多，同时受到温度、冲击方向、冲击速度、缺口种类和尺寸等因素影响，因此需要在实验中标识清楚样品类型、缺口类型和破坏形式。简支梁冲击实验有关术语如下。

无缺口试样简支梁冲击强度：无缺口试样破坏时所吸收的冲击能量，与试样原始横截面积有关。

缺口试样简支梁冲击强度：缺口试样破坏时所吸收的冲击能量，与试样缺口处的原始横截面积有关。

侧向冲击：冲击方向平行于宽度（宽的表面），冲击在试样窄的纵向表面。

贯层冲击：冲击方向平行于厚度（窄的一面），冲击在试样宽的纵向表面。

完全破坏：指经过一次冲击使试样分成两段或几段以上。

部分破坏：指一种不完全性破坏，无缺口试样或缺口试样横断面至少断开 90% 的破坏。

无破坏：指一种不完全性破坏，即无缺口试样或缺口试样的横断面断开部分小于 90% 的破坏。

4.4.2 实验目的

(1) 了解冲击实验对评价塑料材料力学性能的意义，掌握简支梁冲击实验方法。

(2) 通过实验加深对塑料材料在受到冲击而断裂机理的认识。

(3) 掌握冲击强度的实验方法和简支梁冲击试验机的使用。

4.4.3 实验原理

摆锤升至固定高度，以恒定的速度单次冲击支撑成水平梁的试样，冲击线位于两支座间的中点。即使用已知能量的摆锤经一次冲击试样并使之破坏，冲击线应位于两支座的正中间（被测试样若为缺口试样，则冲击线应正对缺口），以冲击前后摆锤的能量来确定试样在破坏时吸收的能量，并用试样的单位横截面积所吸收的冲击能表示冲击强度。

4.4.4 试样制备与数量

4.4.4.1 试样制备方法

（1）模塑和挤塑材料

应按 GB/T 17037.1—2019《塑料　热塑性塑料材料注塑试样的制备　第 1 部分：一般原理及多用途试样和长条形试样的制备》或 GB/T 17037.3—2003《塑料　热塑性塑料材料注塑试样的制备　第 3 部分：小方试片》规定的方法，直接压塑或注塑，或者由塑料板材机械加工而成。

（2）缺口

缺口应按标准规定进行机加工，切割刀具应能将试样加工成如图 4-16 所示的缺口类型。也可使用模塑缺口试样（报告中应注明）。

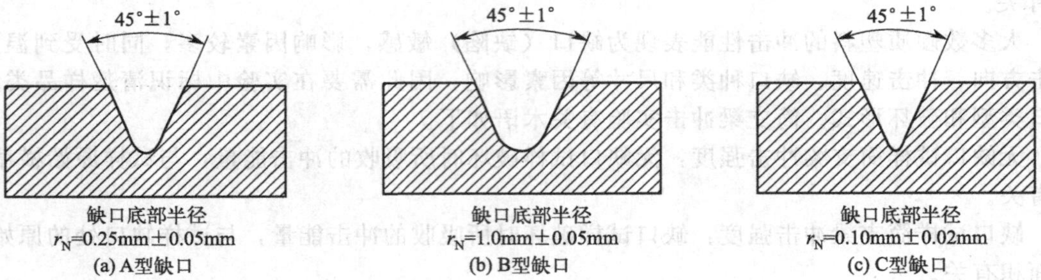

图 4-16　缺口类型

注意：模塑缺口试样所得的结果与机加工缺口试样所得的结果不可比较。

（3）形状和尺寸

① 1 型试样应具有表 4-7 中试样类型、尺寸和跨距规定的尺寸，并具有如图 4-16 所示缺口类型中的一种。缺口位于试样的中心。

② 优选 A 型缺口。对于大多数材料的无缺口试样或 A 型单缺口试样，宜采用侧向冲击。如果 A 型缺口试样在实验中不破坏，应采用 C 型缺口试样。

③ 板材。优选的厚度 h 是 4mm。如果试样由板材或构件切取，其厚度应为板材或构件的原厚，最大为 10.2mm。

从厚度大于 10.2mm 的制品上切取试样时，若板材厚度均匀且仅含一种均匀分布的增强材料，试样应单面加工到 10mm±0.2mm。对无缺口或双缺口试样贯层冲击时，为避免表面影响，实验中原始表面应处于拉伸状态。

表 4-7　试样类型、尺寸和跨距　　单位：mm

试样类型	长度[a] l	宽度[a] b	厚度[a] h	跨距 L
1	80±2	10.0±0.2	4.0±0.2	62～62.5
2[b]	25h	10 或 15[c]	3[d]	20h
3[b]	11h(13h)			6h 或 8h

a. 试样尺寸（厚度 h、宽度 b 和长度 l）应符合 $h \leqslant b < l$ 的规定。

b. 2 型和 3 型试样仅用于有层间剪切破坏的材料。

c. 精细结构的增强材料用 10mm，粗粒结构或不规整结构的增强材料用 15mm。

d. 优选厚度。试样由片材或板材切出时，h 应等于片材或板材的厚度，最大 10.2mm。

4.4.4.2　试样数量

（1）除受试材料标准另有规定，一组实验至少包括 10 个试样。数据变化不大，波动较小时，可以选用 5 个试样。

（2）如果要在垂直和平行方向实验层压材料，每个方向应测试 10 个试样。

4.4.5　状态调节

除受试材料标准另有规定，试样应按 GB/T 2918—2018《塑料　试样状态调节和试验的标准环境》的规定在温度 23℃±2℃和相对湿度 50%±5%的条件下调节 16h 以上，或按有关各方协商的条件。缺口试样应在缺口加工后计算调节时间。

4.4.6　实验设备

简支梁冲击试验机如图 4-17 所示。试验机的原理、特性和检定方法详见 GB/T 21189—2007《塑料简支梁、悬臂梁和拉伸冲击试验用摆锤冲击试验机的检验》。

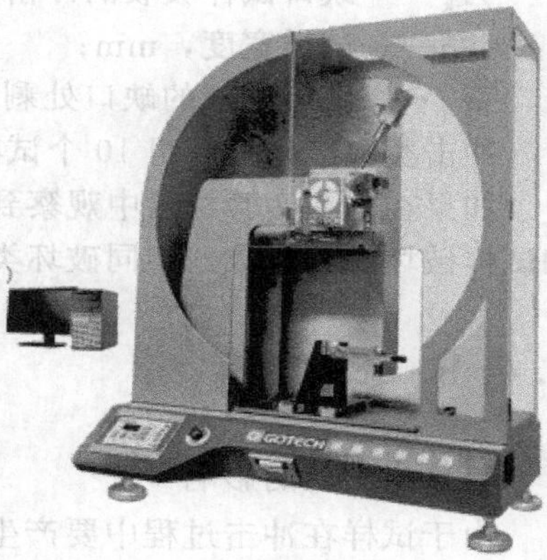

图 4-17　简支梁冲击试验机

4.4.7　实验步骤

（1）除非有关各方另有商定（例如，在高温或低温下实验），实验应在与状态调节相同的条件下进行。

（2）测量每个试样中部的厚度 h 和宽度 b 精确至 0.02mm。对于缺口试样，应仔细地测量剩余宽度 b_N，精确至 0.02mm。

注意：挤塑试样不一定测量每个试样的尺寸。一组测量一个试样以确保尺寸与表 4-7 相一致就足够了。对多模腔模具，应保证每腔试样的尺寸相同。

（3）确认摆锤冲击试验机是否达到规定的冲击速度，吸收的能量是否处在标称能量的 10%～80%的范围内。符合要求的摆锤不止一个时，应使用具有最大能量的摆锤。

（4）应按 GB/T 21189—2007《塑料简支梁、悬臂梁和拉伸冲击试验用摆锤冲击试验机的检验》的规定，测定摩擦损失和修正吸收的能量。

（5）抬起摆锤至规定的高度，将试样放在试验机支座上，冲刃正对试样的打击中心。小心安放缺口试样，使缺口中央正好位于冲击平面上。

（6）释放摆锤，记录试样吸收的冲击能量并对其摩擦损失进行修正。

（7）对于模塑和挤塑材料，用下列字母代号命名四种形式的破坏。

C——完全破坏：试样断裂成两片或多片。

H——铰链破坏：试样未完全断裂成两部分，外部仅靠一薄层以铰链的形式连在一起。

P——部分破坏：不符合铰链断裂定义的不完全断裂。

N——不破坏：试样未断裂，仅弯曲并穿过支座，可能兼有应力发白。

4.4.8 结果计算和表示

(1) 无缺口简支梁冲击强度按式(4-6)计算：

$$a=\frac{A}{b\times d}\times 10^3 \tag{4-6}$$

式中 a——无缺口试样冲击强度，kJ/m^2；

A——试样吸收的冲击能量，J；

b——试样宽度，mm；

d——试样厚度，mm。

(2) 缺口试样简支梁冲击强度按式(4-7)计算：

$$a=\frac{A_k}{b\times d_k}\times 10^3 \tag{4-7}$$

式中 a——缺口试样冲击强度，kJ/m^2；

A_k——缺口试样吸收的冲击能量，J；

b——试样宽度，mm；

d_k——缺口试样的缺口处剩余厚度，mm。

冲击实验结果以每组 10 个试样的算术平均值表示，并取两位有效数字。

如果在同一实验材料中观察到一种以上的破坏类型，须标明每种破坏类型的平均冲击值和试样破坏的百分数，不同破坏类型的实验结果不能进行比较。

4.4.9 影响因素

(1) 飞出功的影响

由于试样在冲击过程中要产生弹性变形，这种弹性变形积聚的能量在试样破坏时要释放出来，因此摆锤冲击在试样上的能量总大于试样断裂所需的能量，所以断裂后的试样会飞出。如果摆锤冲击试样的能量刚好等于试样断裂所需的能量，试样断裂后将不会飞出，这只是一种极端情况，实验中较难出现。所以，在摆锤式冲击试验机的刻度盘上读出的数值，不仅包括使试样产生裂痕、裂痕在试样中扩展和产生变形的能量，还包括使试样断裂后飞出的能量，即飞出功。飞出功与试样的韧性并无关系，但有时竟占很大比例，例如 PMMA 标准试样，其断裂飞出功约占试样断裂消耗能量的 50%，酚醛材料约占 40%。因此，对吸收能量较小的脆性材料必须对此部分能量进行修正。

(2) 试样尺寸的影响

使用同一配方和同一成型条件而厚度不同的塑料试样进行冲击实验时，可发现不同厚度的试样在同一跨度和不同跨度上所得的实验结果，以及使用相同厚度的试样但在不同跨度上进行冲击实验所得的结果，其冲击强度都不能进行比较和换算。实验发现，同一试样的厚度越大，冲击强度值越高；而在相同的试样厚度下，实验跨度越小，冲击强度值也越高。

4.4.10 思考题

(1) 为什么不同厚度试样测出的冲击强度不能相互比较？

（2）试样尺寸有何规定？跨度多少？试样尺寸和跨度对实验结果有何影响？

实验 4.5 塑料悬臂梁冲击强度

4.5.1 概述

塑料冲击强度用于评价抵抗冲击的能力或判断材料本身脆性或韧性程度，是反映材料韧性好坏的一个指标。冲击强度是试样破坏时所吸收的冲击能量，与试样原始横截面积有关。

大多数硬质塑料的冲击性能表现为缺口（缺陷）敏感，影响因素较多，同时受到温度、冲击方向、冲击速度、缺口种类和尺寸等因素影响。因此，需要在实验中标识清楚样品类型、缺口类型和破坏性。

悬臂梁冲击实验是以悬臂梁形式测定的受试材料冲击强度，用于研究具有规定尺寸的缺口试样在规定冲击力下的行为，估计硬质材料在规定条件下的脆性或韧性的程度。其是对材料的脆性（或韧性）进行测量的一种实验方法，对使用简支梁冲击实验中冲击不断的材料，使用悬臂梁冲击实验就显得特别重要。

悬臂梁无缺口冲击强度：无缺口试样在悬臂梁冲击破坏过程中所吸收的能量与试样原始横截面积之比。

悬臂梁缺口冲击强度：缺口试样在悬臂梁冲击破坏过程中所吸收的能量与试样缺口处原始横截面积之比。实验时摆锤的冲击方向为试样有缺口的一面。

完全破坏：试样断裂成两段或多段。

铰链破坏：断裂的试样由没有刚性的很薄表皮连在一起的一种不完全破坏，归类为完全破坏。

部分破坏：除铰链破坏以外的不完全破坏。

不破坏：试样不破坏，只是产生弯曲变形并产生应力发白现象。

4.5.2 实验目的

（1）了解冲击实验对评价塑料材料力学性能的意义，掌握悬臂梁冲击实验方法。

（2）学会悬臂梁冲击试验机的使用，了解、掌握悬臂梁冲击实验方法和原理。

4.5.3 实验原理

实验时把摆锤扬起到规定的最高位置，然后释放摆锤令其自由下摆。当它摆到最低点的瞬间，冲击已支撑成悬臂梁式的试样。摆锤在一次摆动中冲击试样，导致其破坏，此时冲击线与试样夹具和缺口中心相隔一定距离，然后由摆锤下落高度和摆起高度计算出摆锤在冲击过程中的能量损失值，该值即为试样被冲断时所消耗的能量，可从刻度盘直接读取或自动显示。用试样破断时缺口处的单位原始横截面积所消耗的能量作为冲击强度，如图 4-18 中缺口试样冲击处、虎钳支座、试样及冲击刃位置所示。

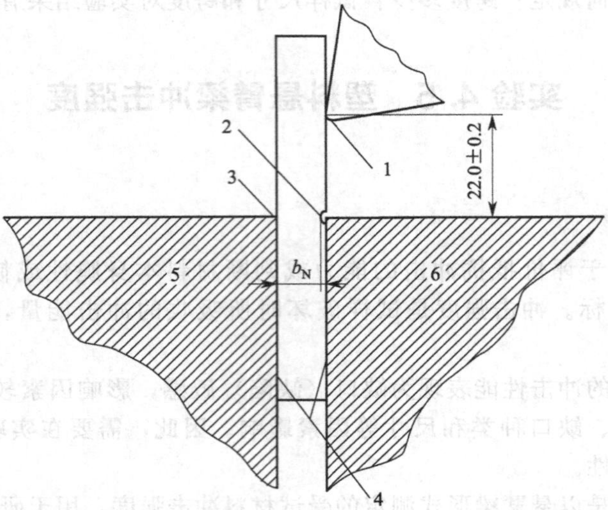

图 4-18 缺口试样冲击处、虎钳支座、试样及冲击刃位置

1—冲击边缘；2—缺口；3—试样边缘；4—试样下边缘；5，6—试验机夹持部分；

b_N—试样缺口底部的剩余宽度，(8.0±0.2)mm

4.5.4 实验设备

（1）试验机

塑料悬臂梁冲击试验机如图 4-19 所示。

（2）冲击试验机的特性要求

实验使用的摆锤式悬臂梁冲击试验机应能测量试样破坏时所吸收的冲击能，其值为摆锤的初始能量与摆锤破坏试样后剩余能量之差。应该注意对该值进行摩擦和风阻损失的校正，应满足摆锤冲击试验机的特性要求（表 4-8），并在摆锤容量 10%～80%的范围内不得超过允许误差。如果摩擦损失等于或小于表 4-8 中摆锤冲击试验机的特性要求所列出的相应值，这种摩擦损失才可用在吸收能量的修正计算中；超过该表所列的相应值时应找出超过的原因，并对试验机进行校正。通常试验机出厂时都备有校正风阻和摩擦损失或其他修正方法。

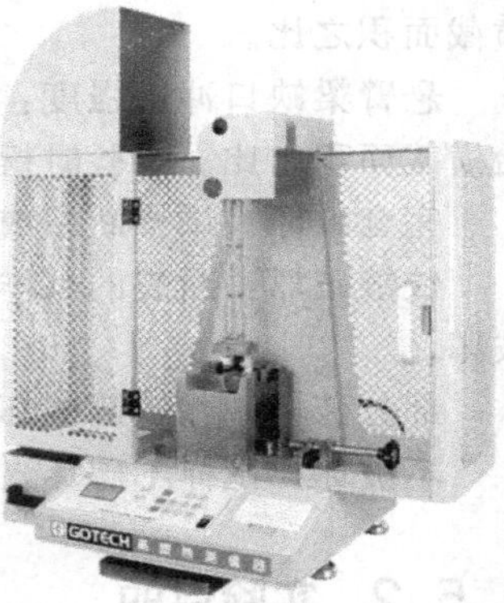

图 4-19 塑料悬臂梁冲击试验机

试验机必须有一套可替换的摆锤，以保证吸收的能量在摆锤容量范围内。若有几个摆锤都能满足要求，应选用能量最大者，不同摆锤所测结果不能相互比较。

表 4-8 摆锤冲击试验机的特性要求

能量 E/J	冲击速度/(m/s)	无试样时的最大摩擦损失/J	有试样经校正后的允许误差/J
1.0	3.50±0.35	0.02	0.01
2.75		0.03	0.01
5.5		0.03	0.02
11.0		0.05	0.05
22.0		0.10	0.10

4.5.5 试样制备

试样类型及尺寸见表4-9。此外，试样的类型和尺寸还应同时满足表4-10所列出的方法名称、试样类型、缺口类型、缺口尺寸要求。试样可用模具直接经压制或注塑，也可从压塑或注塑的板材上经机械加工制成。1型试样还可依照GB/T 17037.1—2019《塑料 热塑性塑料材料注塑试样的制备 第1部分：一般原理及多用途试样和长条形试样的制备》规定的标准多用途试样的中部直接切取。最佳试样为1型试样。缺口型试样应采用A型或B型，最佳缺口形式为A型。缺口形式及缺口底部半径见图4-20。

表4-9 试样类型及尺寸 单位：mm

试样类型	长度 L		宽度 b		厚度 h	
	基本尺寸	极限偏差	基本尺寸	极限偏差	基本尺寸	极限偏差
1	80	±2	10	±0.2	4	±0.2
2 3 4	63.5	±2	12.7	±0.2	12.7 6.4 3.2	±0.2

表4-10 方法名称、试样类型、缺口类型、缺口尺寸 单位：mm

方法名称	试样	缺口类型	底部半径，r_N	缺口保留宽度，b_N
GB/T 1843—2008/U	长 $l=80\pm2$	无缺口	—	—
GB/T 1843—2008/A	宽 $b=10.0\pm0.2$	A	0.25 ± 0.05	8.0 ± 0.2
GB/T 1843—2008/B	厚 $h=4.0\pm0.2$	B	1.00 ± 0.05	

注：1. 如果试样是由板材或制品上裁取的，板材或制品的厚度 h 应该被包含在命名中；对于未增强的试样，应避免让机加工表面处于拉伸状态进行实验。

2. 如果板材厚度 h 等于宽度 b，冲击方向应该加到名称中。

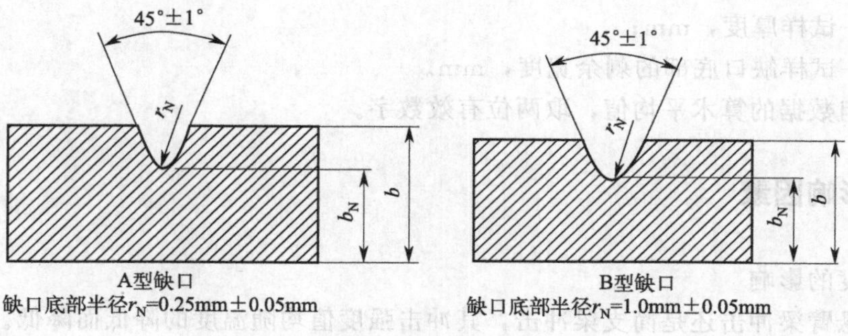

图4-20 缺口形式及缺口底部半径

实验时首先抬起并锁住摆锤，把试样放在虎钳中并按要求夹住试样。测定缺口试样时，缺口应在摆锤冲击刃的一侧，然后释放摆锤，记录试样吸收的冲击力并对摩擦损失及时进行修正。若被测试样可能出现前述4种破坏类型中的某一种或一种以上时，此时应把其中属于完全破坏和铰链破坏的测定值用以计算其算术平均值；在出现部分破坏时，如果要求报告此部分破坏的测定值，应用字母P表示；对完全不破坏的试样不报告其数值，并用NB表示。

试样数量要求：一组应测试10个试样；当变异系数小于5%时，可以测5个试样。

4.5.6 实验步骤

（1）同拉伸性能测试将试样进行状态调节后，测量每个试样中部的厚度和宽度或缺口试样的剩余宽度，精确到0.02mm。

（2）检查试验机是否有规定的冲击速度和正确的能量范围。

（3）调整零点后将摆锤放到最高位置。

（4）将试样放在虎钳中，缺口应在摆锤冲击刃的一边，夹紧试样。

（5）按动开关，释放摆锤，记录试样破坏所吸收的冲击能，能量应在摆锤总能量的10%～80%区间内；否则，应更换摆锤，重新实验。

（6）重复以上操作步骤，将所有试样测试完毕，并记录所有数据。

4.5.7 数据处理

（1）无缺口试样悬臂梁冲击强度 a_{iU}（kJ/m^2），按式(4-8）计算：

$$a_{iU}=\frac{W}{hb}\times 10^3 \tag{4-8}$$

式中 W——试样冲击后所吸收的能量，J；

h——试样厚度，mm；

b——试样宽度，mm。

（2）缺口试样悬臂梁冲击强度 a_{iN}（kJ/m^2），按式(4-9）计算：

$$a_{iN}=\frac{W}{hb_N}\times 10^3 \tag{4-9}$$

式中 W——试样冲击后所吸收的能量，J；

h——试样厚度，mm；

b_N——试样缺口底部的剩余宽度，mm。

计算一组数据的算术平均值，取两位有效数字。

4.5.8 影响因素

（1）温度的影响

无论是悬臂梁冲击还是简支梁冲击，其冲击强度值均随温度的降低而降低。这是因为随着温度的下降，材料从韧性状态转变为脆性状态，这种转变是在一个较窄的温度范围内发生的，试样在脆性温度以下呈现脆性断裂，其冲击强度值较低；而在高于脆性温度下发生的韧性断裂，其冲击强度较高，因此在冲击实验中实验温度对测试结果的影响是不可忽视的。通常，标准实验方法均规定冲击实验应在标准环境温度23℃±1℃下进行。

（2）缺口加工方式的影响

标准实验方法中规定除非受试材料有要求可以使用模塑缺口试样外，推荐使用机械加工的缺口试样。不同加工方式对其冲击强度会有很大影响。一次注塑的缺口试样冲击强度较高，而经二次机械加工成型的缺口试样冲击强度较低，其中又以经铣床加工的缺口试样冲击强度为最低。因此，使用不同加工方式加工的缺口试样，其测得的冲击强度不可比。

（3）湿度的影响

某些吸湿性较大的材料例如尼龙 6 和尼龙 66 在干燥状态下和吸湿后状态下进行测试，其冲击强度值有明显不同，在相同温度下吸湿越多，其冲击强度值越高。因此，在试样加工和测试过程中都需严格控制环境湿度。

（4）试样缺口底部曲率半径的影响

试样缺口底部曲率半径的大小对冲击强度有很大影响，同一材料试样其缺口底部曲率半径不同，测得的冲击强度值有显著不同；半径越小，冲击强度值越低，变异系数也越小。

4.5.9　思考题

（1）冲击过程中，哪些因素分别消耗了试验机摆锤的能量？

（2）试考虑试样宽度变化及缺口形成方式（机械加工、注塑成型）不同对实验有何影响。

实验 4.6　塑料弯曲性能

4.6.1　概述

弯曲强度是指材料在弯曲负荷作用下破裂或达到规定弯矩时能承受的最大应力，此应力为弯曲时的最大正应力，以 MPa 为单位。它反映了材料抗弯曲的能力，用来衡量材料的弯曲性能。弯曲实验主要用来检验材料在经受弯曲负荷作用时的性能，而生产中常用弯曲实验来评定材料的弯曲强度和弹性变形的大小；是质量控制和应用设计的重要参考指标，所以弯曲性能也是力学性能的一项重要指标。塑料弯曲性能的主要术语如下。

挠度：弯曲实验过程中，试样跨度中心的顶面或底面偏离原始位置的距离。

弯曲应力：试样跨度中心外表面正应力。

弯曲断裂应力：试样断裂时的正应力。

弯曲强度：试样在弯曲过程中承受的最大弯曲应力。

弯曲模量：（应变为 0.0025 处应力－应变为 0.0005 处应力）/（应变为 0.0025－应变为 0.0005），MPa。

4.6.2　实验目的

（1）掌握塑料弯曲强度测定的方法、试样要求、设备操作；加深对塑料在弯曲过程中应力-应变曲线变化规律的认识。

（2）掌握用电子拉力试验机测定塑料弯曲性能的实验技术。

4.6.3　实验原理

把试样支撑成横梁，使其在跨度中心以恒定速度弯曲，直到试样断裂或变形达到预定值，测量该过程中对试样施加的压力。试样在受力过程中，除受弯矩作用外，同时还受剪切力的作用，所以采用跨度与试样厚度的比值尽量大些，以此来减少这种不利的影响。弯曲强度反映材料抵抗弯曲形变的能力，即体现材料刚性的大小；弯曲强度越大，刚性越大，反之亦然。

4.6.4 试样制备

实验用标准试样可按 GB/T 17037.1—2019《塑料 热塑性塑料材料注塑试样的制备 第1部分：一般原理及多用途试样和长条形试样的制备》规定采用注塑、模塑或由板材经机械加工制成矩形截面的试样。试样的标准尺寸为 80mm 或更长；宽度为 10.0mm±0.5mm；厚度为 4.0mm±0.2mm，也可以从标准的哑铃形多用途试样的中间平行部分截取，若不能获得标准试样，则长度必须为厚度的 20 倍以上。

试样厚度小于 1mm 时不做弯曲实验，厚度大于 50mm 的板材，应单面加工到 50mm。对于各向异性材料应沿纵横方向分别取样，使试样的负荷方向与材料实际使用时所受弯曲负荷方向相一致。

4.6.5 实验条件

（1）实验跨度和实验速度

实验时应按要求调节实验跨度和实验速度。标准规定跨度应为试样厚度的 15～17 倍。对于厚度较大的单向纤维增强材料试样，须采用较大的跨度厚度比来计算跨度，以避免因剪力使试样分层；对于很薄的试样，可采用较小的跨度厚度比来计算跨度，以便能在试验机的能量范围内进行测定。压头与支座示意见图 4-21。

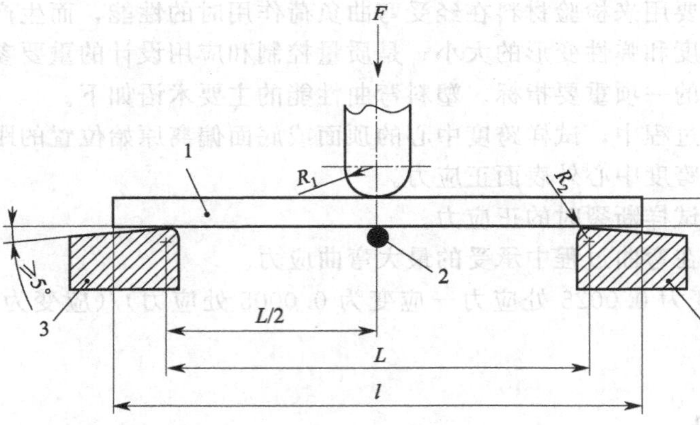

图 4-21 压头与支座示意

1—试样；2—压头；3—试样支柱；R_1—压头半径；
R_2—支柱圆弧半径；l—试样长度；L—跨度；h—试样厚度

实验速度推荐值见表 4-11。

表 4-11 实验速度推荐值

速度/(mm/min)	允差/%	速度/(mm/min)	允差/%
1	±20	50	±10
2	±20	100	±10
5	±20	200	±10
10	±20	500	±10
20	±10		

注意：实验速度没有规定时，所选速度使弯曲应变速率尽可能接近 1%/min。仲裁实验速度选择 2mm/min。

试样数量：试样个数不少于 5 个，状态调节按照 GB/T 2918—2018《塑料　试样状态调节和试验的标准环境》执行。

（2）其他实验条件

① 跨度 $L=(16\pm1)h$，h 为试样厚度，mm。

② 实验速度优选 2mm/min，所选速度使弯曲应变速率尽可能接近 1%/min。

③ 压头半径 $R_1=5$mm。

4.6.6　实验设备

电子拉力试验机应符合 JB/T 7797—2017《橡胶、塑料拉力试验机》标准要求，设备如图 4-5 所示。

4.6.7　实验步骤

（1）将试样进行状态调节。

（2）测量试样中部处宽度与厚度，宽度精确到 0.1mm，厚度精确到 0.01mm，测三点的算术平均值。

（3）按要求调节跨度。

（4）将试样放在支座上，试样与压头中心对齐。

（5）打开计算机系统拉力试验机操作软件，选择弯曲实验模式，输入原始数据（包括试样宽度、厚度、跨度、位移和试样速度）。其中，位移不宜过大，其值应确保夹具不能碰撞。

（6）开始测试实验，达到规定或断裂时，自动停止，系统自动计算出弯曲强度和弯曲模量。

（7）重复以上操作，全部试样测试完毕后，打印实验报告。实验过程中，若断裂在试样中间外 1/3 处，作废重做。

4.6.8　数据处理

弯曲强度计算按式(4-10) 进行：

$$\sigma=\frac{3FL}{2bh^2} \tag{4-10}$$

式中　σ——弯曲强度，MPa；

F——施加的力，N；

L——跨度，mm；

b——试样宽度，mm；

h——试样厚度，mm。

弯曲强度和弯曲模量结果取算术平均值，保留三位有效数字。

4.6.9　影响因素

（1）操作影响

例如试样尺寸的测量、实验跨度的调整、压头与试样的线接触和垂直状况以及挠度值零点的调整等，都会对测试结果造成误差。

(2) 跨厚比的影响

三点式弯曲实验中，试样除上、下表面和中间层外，任何一个横截面上都同时既有剪力，也有正应力，且分别与弯矩的大小有关，其中剪力或弯矩最大的截面也就是最危险截面。可见合理选择跨厚比可以减少或消除剪切力的影响。

(3) 应变速率的影响

应变速率与试样厚度、跨度和实验速度有关。在相同的试样厚度下，跨度越大则应变速率越小；实验速度越大，应变速率越大。

(4) 温度的影响

温度影响和拉伸性能实验一致。

4.6.10 思考题

(1) 弯曲实验中，试样在受力过程中，除受弯矩作用外，还受哪些其他力的作用？

(2) 简述挠度、弯曲强度、弯曲模量的概念。

(3) 实验中对试样尺寸、跨度、挠度和实验速度是如何规定的？

实验 4.7 硫化橡胶撕裂强度

4.7.1 概述

橡胶材料在大变形拉伸时发生的破坏，往往是先在某处产生小裂口，撕裂从该裂口处开始并扩展，直至材料完全断裂。橡胶制品在使用过程中，由于机械损伤或某些内在原因，产生裂口并导致这种撕裂破坏。这是橡胶制品中最常见的破坏现象之一。很多橡胶制品，如轮胎、胶管、橡胶手套等，其抗撕裂性能的优劣直接关系到它们的使用寿命。因此，橡胶的撕裂实验是一项重要的物理性能实验。

GB/T 529—2008《硫化橡胶或热塑性橡胶撕裂强度的测定（裤形、直角形和新月形试样）》规定硫化橡胶的撕裂强度采用直角形、新月形、裤形试样，用电子拉力试验机在标准实验室条件下测定。有关撕裂强度的术语主要如下。

裤形撕裂强度：用平行于切口平面方向的外力将裤形试样撕裂所需的力与试样厚度的比值。

无割口直角形撕裂强度：用沿试样长度方向的外力将规定的直角形试样撕裂所需的最大力与试样厚度的比值。

有割口直角形或新月形撕裂强度：用垂直于割口平面方向的外力将规定的预割口直角形或新月形试样撕裂所需的最大力与试样厚度的比值。

4.7.2 实验目的

(1) 掌握硫化橡胶撕裂强度的测试方法。

(2) 掌握撕裂强度测试所需试样的制备方法。

(3) 掌握影响撕裂强度测试结果的影响因素。

4.7.3 实验设备及实验原理

测试撕裂强度采用的设备主要有计算机系统伺服电子拉力试验机（或简称电子拉力机、拉力机）、测厚仪、割口器、显微镜。拉力机要求及实验原理同硫化橡胶拉伸应力应变性能的测试设备。割口器由刀片或刀、定位夹持器和导向装置构成。显微镜是用来观察测量割口尺寸的，放大倍数不小于 10 倍。

4.7.4 试样制备

4.7.4.1 试样种类、尺寸及数量

按试样形状分类，撕裂实验的试样主要有直角形、新月形和裤形三种，此外还有德尔夫特形试样。直角形、新月形和裤形试样形状及尺寸等分别如图 4-22～图 4-25 所示。

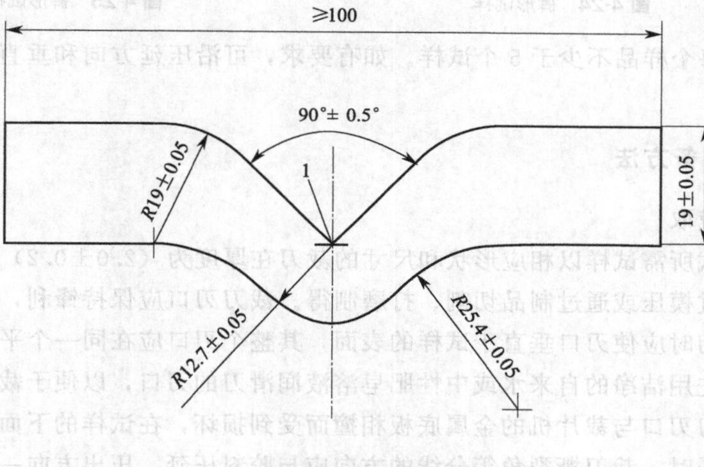

图 4-22 直角形试样

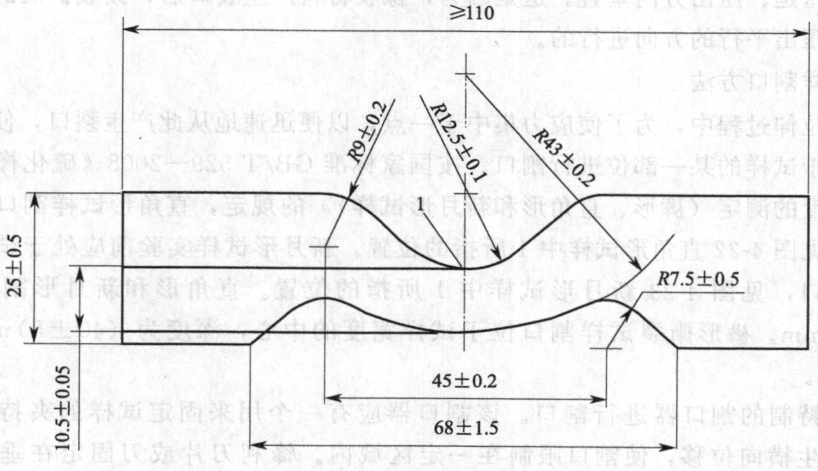

图 4-23 新月形试样

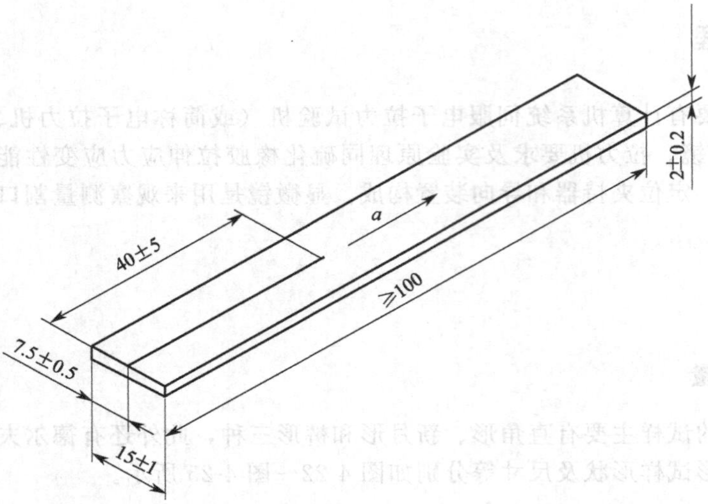

图 4-24 裤形试样

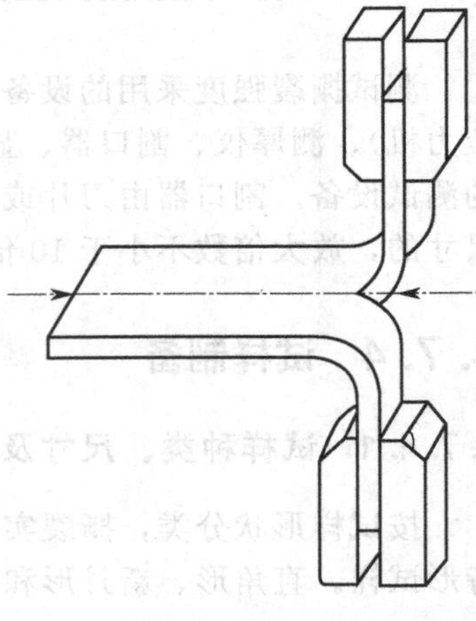
图 4-25 裤形试样在试验机上的位置

试样数量：每个样品不少于 5 个试样。如有要求，可沿压延方向和垂直压延方向各取 5 个试样。

4.7.4.2 试样制备方法

（1）试样的裁取

撕裂强度测试所需试样以相应形状和尺寸的裁刀在厚度为（2.0±0.2）mm 标准试片上裁取。试片可通过模压或通过制品切割、打磨制得。裁刀刃口应保持锋利，不应出现缺口或卷刃等现象，裁切时应使刃口垂直于试样的表面，其整个刃口应在同一个平面上。用裁片机裁取试样时，可先用洁净的自来水或中性肥皂溶液润滑刀的刃口，以便于裁切。在裁切过程中，为了防止裁刀刃口与裁片机的金属底板相撞而受到损坏，在试样的下面应垫有合适的软质材料。裁取试样时，裁刀撕裂角等分线的方向应与胶料压延、压出方向一致，即试样的长度方向应与压延、压出方向垂直。这是因为，橡胶材料产生裂口后，撕裂扩展的方向常是沿着与压延、压出平行的方向进行的。

（2）试样割口方法

试样在拉伸过程中，为了使应力集中于一点，以便迅速地从此产生裂口，使撕裂从该裂口扩展，可于试样的某一部位进行割口。按国家标准 GB/T 529—2008《硫化橡胶或热塑性橡胶撕裂强度的测定（裤形、直角形和新月形试样）》的规定，直角形试样割口应处于试样内角顶点，见图 4-22 直角形试样中 1 所指的位置。新月形试样实验前应处于试样圆弧凹边的中心处割口，见图 4-23 新月形试样中 1 所指的位置。直角形和新月形割口深度均为 (1.0±0.2)mm。裤形撕裂试样割口位于试样宽度的中心，深度为（40±5）mm，方向如图 4-24 所示。

可采用特制的割口器进行割口。该割口器应有一个用来固定试样的夹持器，该夹持器不允许发生横向位移，使割口限制在一定区域内。锋利刀片或刀固定在垂直于试样主轴平面的适当位置上，并具有导向装置，以确保刀片或刀沿垂直试片平面方向切割试片。也可以固定刀片，试样以类似方式移动进行切割。割口器还应提供可精确调整割口深度的装置，以使试样割口深度符合要求。刀口夹持器位置或试样固定装置的调节，是通过用刀片预先将试样切割1个或2个割口，借助显微镜测量割口尺寸。割口前，刀片应用水或皂液润湿。

4.7.5 实验条件

(1) 试样调节

试片硫化或制备与试样裁切之间的时间间隔，裁切试样前的调节及试样调节的条件同硫化橡胶拉伸应力应变性能测试试样调节条件。

如进行割口撕裂强度测试，则试样割口、测量和实验应连续进行。如果不能连续进行，应根据具体情况将试样在标准温度（23±2)℃或（27±2)℃下保存至实验。割口和实验之间的时间间隔不应超过24h。

(2) 测试条件

实验应在（23±2)℃或（27±2)℃标准温度下进行。如果要在其他温度下进行，应将试样在该温度下进行充分调节，使试样温度与环境温度达到平衡。如果要进行比对，所有实验温度应保持一致。

拉力机夹持器移动速度：直角形和新月形试样为（500±50)mm/min；裤形试样为(100±10)mm/min。

4.7.6 实验步骤

(1) 按照规定裁切试样，并标上编号。按顺序排列好试样，用精度为0.01mm的测厚仪测量试样工作部位的厚度，至少测三点，取中位数，任一试样厚度测量值不应偏离试样厚度中位数的2%。如果是多组试样进行比较，则每组试样厚度中位数应在所有组中试样厚度总的中位数的7.5%范围内。

(2) 将裁好的试样放在标准条件（恒温恒湿箱）下调节一段时间。

(3) 打开拉力机电源开关，开启控制计算机系统。打开计算机系统中实验操作平台，在撕裂强度测试界面选择试样类型和拉伸速率。

(4) 输入试样名称、测试时间，依次输入各试样的厚度，保存。立即将试样安装在拉力机上，点击开始测试，对试样进行拉伸，计算机系统自动记录测试过程的力值和时间，直至试样断裂。

(5) 根据电子拉力机自动记录和绘制的撕裂曲线，读取相应的力值。通过公式计算测试结果，或由计算机系统程序直接从负荷-时间曲线上读数并计算，直接输出测试结果。

(6) 一组实验测试结束，更换另一组试样，重复（4）、(5) 操作步骤，至所有试样测试结束。打印测试数据，关闭程序和计算机系统主机，关闭拉力机设备开关，拉下电闸。整理工作台，打扫卫生。

4.7.7 结果的计算

撕裂强度 T_s 按式(4-11) 计算：

$$T_s = \frac{F}{d} \tag{4-11}$$

式中 T_s——撕裂强度，kN/m；

F——试样撕裂时所需的力，N；

d——试样厚度的中位数，mm。

对直角形和新月形试样，F 为撕裂过程中的最大力。对裤形试样，F 值取振荡曲线峰值的中值。

实验结果以每个方向 5 个试样的中位数、最大值和最小值共同表示，数值准确到整数位。

4.7.8 影响因素

(1) 试样形状

试样形状不同，一般对撕裂强度的实验结果有显著影响。实验结果表明，直角形试样的撕裂强度较小，而新月形试样的撕裂强度较高。实验数据见表 4-12 中新月形试样和直角形试样撕裂强度的比较。

表 4-12 新月形试样和直角形试样撕裂强度的比较 单位：kN/m

编号	1	2	3	4	5	6	7	8
新月形(不割口)	214	216	176	146	133	218	215	210
新月形(割口)	157	109	70.6	93.0	49.0	167	150	159
直角形(不割口)	108	60.8	34.3	63.7	29.4	104	98.0	99.0

(2) 实验温度

橡胶的撕裂性能对实验温度比较敏感。一般来说，撕裂强度随实验温度的升高而降低。

对于结晶性橡胶，如天然橡胶、氯丁橡胶和丁基橡胶等，在室温下拉伸时，会引起橡胶大分子沿着拉伸方向重排，产生结晶，使拉伸强度升高。在高温拉伸时，结晶不容易产生，撕裂强度明显降低。

对于非结晶性橡胶，如丁苯橡胶、丁腈橡胶等，随着温度升高，撕裂能降低，故表现为撕裂强度降低。

(3) 实验速度

试验机的拉伸速度大小，即撕裂速度大小对橡胶的撕裂行为具有一定的影响。高速撕裂时，撕裂表现出一种刚体的脆性破坏，而慢速撕裂时，则表现出弹性破坏。在实验方法规定的速度下，撕裂破坏属于后者。拉伸速度增大，撕裂强度会降低。

(4) 试样厚度

试样厚度对撕裂强度有一定的影响，但影响不大。

(5) 试样裁切方向

实验结果表明，横向的撕裂强度大于纵向。（注意：横向是指撕裂方向沿着与压延、压出方向垂直的方向；纵向是指撕裂方向沿着与压延、压出方向一致的方向。）

(6) 试样中填充剂的分散性

硫化试样中炭黑团块（包括未分散的团聚体和筛余物等）会使撕裂强度快速下降。如果裁切时试样直角处或内凹处有未分散的填充剂颗粒，实验结果将明显小于分散良好的试样，使 5 个试样的测试结果出现较大的偏差。

4.7.9 思考题

（1）撕裂试样有哪几种？

（2）影响撕裂强度的因素有哪些？

（3）撕裂强度的测试条件（拉伸速度、温度等）是什么？

（4）简述撕裂方向与压延方向的关系。

实验 4.8 浸胶线绳黏合强度

4.8.1 概述

作为传动带、胶管和轮胎用的骨架材料——浸胶线绳与橡胶基体黏合强度好坏直接关系到产品使用寿命，浸胶线绳与橡胶材料黏合强度及胶黏剂种类、处理方法和橡胶基体有很大关系，测定黏合强度的主要方法是 H 抽出法。

4.8.2 实验目的

（1）了解测试黏合强度的意义，掌握试样制备 H 抽出法。

（2）掌握浸胶线绳黏合强度实验操作。

4.8.3 实验原理

将浸胶线绳与橡胶在 T 型试样标准模具中硫化后，在拉力机上测出抽出所需的力，用来评价浸胶线绳橡胶黏合性能。

4.8.4 实验仪器与材料

电子拉力机，H 抽出法专用夹具，开炼机，平板硫化机，模具，厚度计，电子天平，砝码，浸胶线绳，氯丁橡胶混炼胶。

4.8.5 实验步骤

4.8.5.1 试样数量要求

浸胶线绳长度为 10m，不要人为退捻、加捻和对折；氯丁橡胶混炼胶数量满足 20 个以上的合格模块试样要求。

4.8.5.2 模块试样制备

（1）硫化时间确定

在 170℃条件下在硫化仪中测出硫化时间。

（2）标准试样硫化

将试样模具放到平板硫化机中预热至170℃，同时在开炼机上将混炼胶翻炼下片，参照模腔尺寸制出条状。将橡胶条放到模腔中，高出模具1mm左右，然后将浸胶线绳放到模具对应的线槽内，一端固定在拉线杆上，另一端加上预加张力50g砝码，在平板硫化机中按测出的硫化时间硫化试样。

4.8.5.3 抽出力测定

用厚度计测出垂直于线绳方向的橡胶厚度，单位为mm，精确至小数点后一位。将试样放至拉力机夹具中，实验速度为100mm/min，启动拉力机，记录线绳从橡胶抽出的力值，单位为N，保留小数点后一位。

4.8.5.4 黏合强度计算

黏合强度＝(抽出力/橡胶厚度)×10，单位为N/cm，精确至小数点后一位。所有试样结果的算术平均值为最终实验结果。

4.8.6 思考题

（1）浸胶线绳有哪些种类？

（2）影响线绳黏合强度的因素有哪些？

实验 4.9 塑料洛氏硬度

4.9.1 概述

硬度是指材料抵抗其他较硬物体压入其表面的能力。洛氏硬度值与塑料材料的压痕硬度直接相关，洛氏硬度值越高，材料就越硬。由于洛氏硬度标尺间的部分重叠，同种材料可能得到两个不同标尺的不同洛氏硬度值，而这两个值在技术上都可能是正确的。对于具有高蠕变性和高弹性的材料，其主负荷和初负荷的时间因素对测试结果有很大影响。

4.9.2 实验目的

（1）了解测试塑料洛氏硬度的意义，掌握洛氏硬度计测试塑料硬度的方法。

（2）了解洛氏硬度计的实验原理与结构。

4.9.3 实验仪器及实验原理

（1）实验仪器

洛氏硬度计主要由机架、压头、加力机构、硬度指示器和计时装置组成。常用塑料洛氏硬度计如图4-26所示。洛氏硬度计标尺的主负荷、初负荷及压头直径，是有明确规定的。洛氏硬度计

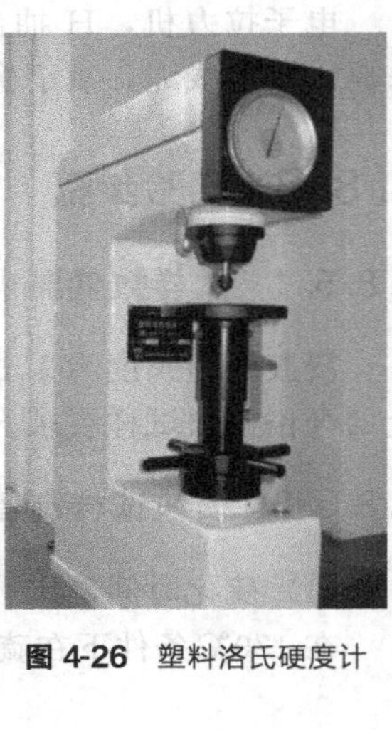

图 4-26 塑料洛氏硬度计

标尺的主负荷、初负荷及压头直径见表 4-13。

表 4-13 洛氏硬度计标尺的主负荷、初负荷及压头直径

洛氏硬度标尺	初负荷/N	主负荷/N	压头直径/mm
R	98.07	588.4	12.7±0.015
L	98.07	588.4	6.35±0.015
M	98.07	980.7	6.35±0.015
E	98.07	980.7	3.175±0.015

（2）实验原理

在规定的加荷时间内，在受试材料上面的钢球上施加一个恒定的初负荷，随后施加主负荷，然后再恢复到相同的初负荷。测量结果是由压入总深度减去卸去主负荷后规定时间内的弹性恢复以及初负荷本身引起的压入深度确定的。洛氏硬度是由压头上的负荷从规定初负荷增加到主负荷，然后再恢复到相同初负荷时的压入深度净增量求出的。

4.9.4 试样

（1）标准试样应为厚度至少 6mm 的平板。其面积应满足在试样的同一表面上作 5 次测量，每一测量点应离试样边缘 10mm 以上，任何两测量点之间的间隔不得少于 10mm。试样不一定为正方形。实验后在支撑面上不应有压头的压痕。

（2）当无法得到 6mm 厚度试样时，可用相同厚度的较薄试样叠成。要求每片试样的表面都应紧密接触，不得被任何形式的表面缺陷分开（例如，凹陷痕迹或锯割形成的毛边）。

（3）全部压痕都应在试样的同一表面上。

（4）测量洛氏硬度只需一个试样，对各向同性的材料，每一试样至少应测量 5 次。

（5）当受试材料是各向异性时，应明确并规定压痕的方向与各向异性轴的关系。当需要测定不止一个方向上的硬度值时，则应制备足够的试样，以使每个方向上至少可以测定 5 个洛氏硬度值。

4.9.5 状态调节

实验前，试样应在与受试材料有关的标准所规定的环境中或在 GB/T 2918—2018《塑料 试样状态调节和试验的标准环境》所规定的一种环境中进行状态调节。

4.9.6 实验步骤

（1）除非另有规定，实验应在与状态调节相同的标准环境中进行。

（2）校对主负荷、初负荷及压头直径是否与所用洛氏标尺相符合。由于手调不能使压头正确地安置在轴承座中，更换钢球后的第一次读数应废弃。需要主负荷的全部压力才能使压头安置在轴承座中。

（3）把试样放在工作台上。确保试样和压头的表面没有灰尘、污物、润滑油及锈迹，试样表面要与所施加的负荷方向垂直，施加初负荷且调整千分表到零。旋转丝杠手轮，使试样慢慢无冲击地与压头接触，直至硬度指示器短指针指于零点，长指针垂直向上指向 B30 处。长指针偏移不得超过 5 个分度值，若超过此范围不得倒转，应改换测点位置重做。在施加初

负荷后 10s 内施加主负荷，施加主负荷后 15s 时卸去主负荷，15s 后读取千分表上读数，准确到标尺的分度值。

（4）在试样的同一表面上作 5 次测量。每一测量点应离试样边缘 10mm 以上，任何两测量点之间的间隔不得少于 10mm。测得的洛氏硬度值应处于 50～115 之间，超出此范围的值是不准确的，应用邻近的标尺重新测定。

（5）反方向旋转升降手轮，使工作台下降，更换测试点。重复上述操作，每一试样测试 5 点。

4.9.7 结果计算

（1）洛氏硬度值用前缀字母标尺及数字表示。例如，HRM 70 则表示用 M 标尺测定洛氏硬度值为 70。

（2）数字显示式硬度计可直接读取硬度值。直接按硬度值分度的度盘式硬度计，应分别记录施加主负荷后长指针通过 B30 的次数及卸去主负荷后长指针通过 B30 的次数并相减后，按以下方法读数：

① 差数是零，标尺读数加 100 为硬度值；

② 差数是 1，标尺读数即为硬度值；

③ 差数是 2，标尺读数减 100 为硬度值。

（3）如果需要，可按式(4-12) 计算：

$$HR=130-e \tag{4-12}$$

式中 HR——洛氏硬度值；

e——主负荷卸除后的压入深度，除以 0.002mm 为单位的数值。

（4）实验结果以 5 点单个测定值的算术平均值表示。

4.9.8 思考题

（1）塑料洛氏硬度样品尺寸有什么要求？

（2）解释洛氏硬度出现负值的原因。

实验 4.10 塑料邵氏硬度

4.10.1 概述

硬度是指材料抵抗其他较硬物体压入其表面的能力。测定硬度的方法有划痕法、压入法、弹性回跳法、抗磨耗法等。塑料硬度有巴柯尔硬度、布氏硬度、洛氏硬度和邵氏硬度等。相关硬度实验具有测量迅速、经济、简便且不破坏试样的特点，是硬度测定的常用方法。

4.10.2 实验目的

（1）了解测试塑料邵氏硬度的意义。

（2）掌握邵氏硬度计测试塑料硬度的方法。

4.10.3　实验原理

在规定的测试条件下，将规定形状的压针压入实验材料，测量垂直压入的深度。压痕硬度与相应的压入深度成反比，且依赖于材料的弹性模量和黏弹性。压针的形状、施加的力以及施力时间都会影响实验结果。一种型号的硬度计与另一种型号的硬度计，以及硬度计与其他测量硬度的仪器之间没有一种简单的关系。

邵氏硬度计的工作原理是将规定形状的压针在标准的弹簧压力下，并在严格的规定时间内，把压针压入试样的深度转换为硬度值以表示该试样材料的硬度等级，可直接从硬度计的指示表上读取。指示表为 100 个分度，每一个分度即为一个邵氏硬度值。

4.10.4　试样要求

（1）试样的厚度至少为 4mm，可以用较薄的几层叠合成所需的厚度。由于各层之间的表面接触不完全。因此，实验结果可能与单片试样所测结果不同。

（2）试样的尺寸应足够大，以保证离任一边缘至少 9mm 进行测量，除非已知离边缘较小的距离进行测量所得结果相同。试样表面应平整，压座与试样接触时覆盖的区域至少距离压针顶端有 6mm 的半径。

（3）应避免在弯曲、不平或粗糙的表面上测量硬度。

（4）每组试样测量点不少于 5 个，可在一个或几个试样上进行。

4.10.5　实验设备

邵氏硬度计主要由刻度盘、压针、下压板和对压针施加压力的弹簧组成，邵氏硬度计、邵氏硬度计的压针类型及尺寸分别如图 4-27 和图 4-28 所示。

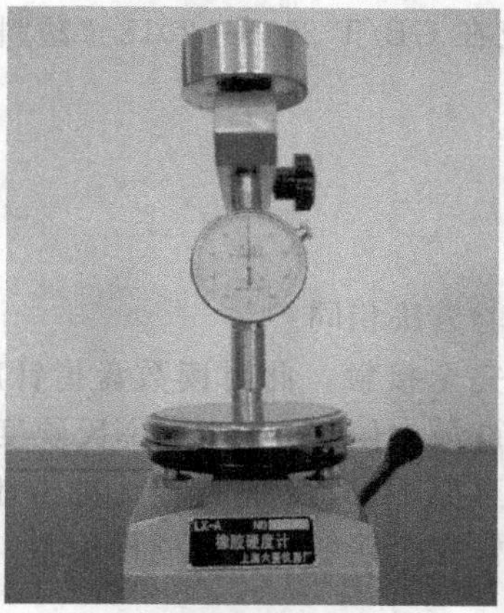

(a) 邵氏A型硬度计

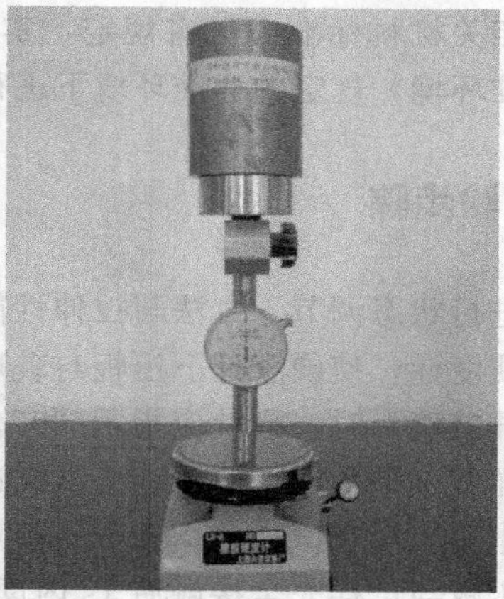

(b) 邵氏D型硬度计

图 4-27　邵氏硬度计

操作时应检查硬度计的指针不要与刻度盘相摩擦，以保持指针摆动灵活和平稳。摆幅从 0 到 100，压针呈自由状态时压针应指向 0 位；将硬度计下压板与平整玻璃片完全接触时，指针应从 0 位指到 100，指针位置偏差不得大于 1 个硬度值。测试时硬度计应安装在支架

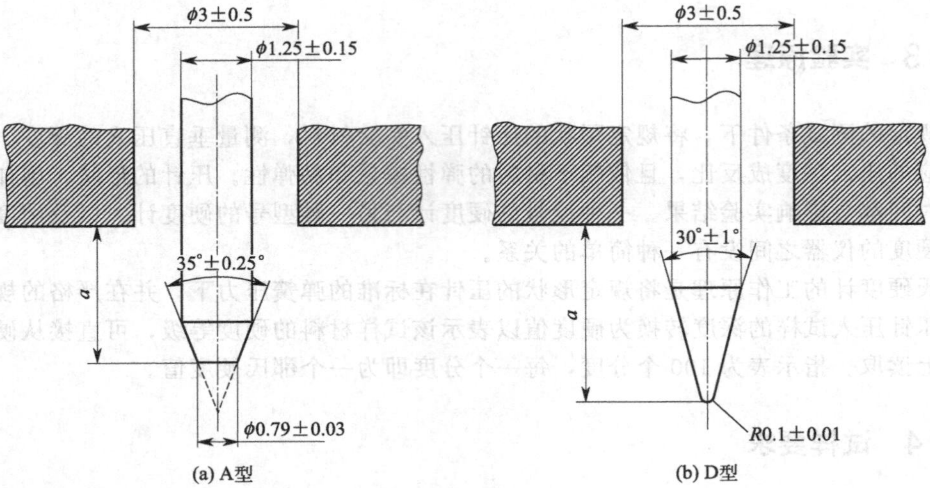

图 4-28　邵氏硬度计的压针类型及尺寸

上，并加上规定的负荷（A 型加 1kg 砝码；D 型加 5kg 砝码），以避免由于操作人员不同、用力大小、均匀程度和施力方向（不是垂直施力）等原因而导致测试结果的偏差。

4.10.6　状态调节

（1）材料的硬度与相对湿度无关时，硬度计和试样应在 GB/T 2918—2018《塑料　试样状态调节和试验的标准环境》规定的温度状态下调节 1h 以上。对于硬度与相对湿度有关的材料，试样应按 GB/T 2918—2018《塑料　试样状态调节和试验的标准环境》或按相应的材料标准进行状态调节。当硬度计由低于室温的地方移至较高温度的地方时，在转移位置前，应将其放在合适的干燥器或气密的容器中，在移入新的环境后继续保持直到硬度计的温度高于空气露点的温度。

（2）除非相关材料标准中另有规定，实验应在 GB/T 2918—2018《塑料　试样状态调节和试验的标准环境》规定的标准环境下进行。

4.10.7　实验步骤

（1）试样进行状态调节，方法与拉伸性能实验方法相同。

（2）调节硬度计，使硬度计下压板与玻璃片完全接触，此时读数盘指针应指示“100”；当指针完全离开玻璃片时，指针应指示“0”。允许最大偏差为±1 个邵氏硬度值。

（3）把试样置于平台上，使压针离试样边缘至少 12mm，平稳而无冲击地将硬度计压针在规定的重锤作用下压在试样上，在下压板与试样完全接触 15s 后立即读数。如规定要瞬时读数，则在下压板与试样完全接触后 1s 内读数。

（4）在试样上相隔 6mm 以上的不同点处测量硬度 5 次，取其算术平均值。

4.10.8　结果计算

每一试样应按规定间距测量 5 个点，然后取其算术平均值，表示该试样的硬度。如果使用 A 型硬度计并在压针与试样接触 15s 后读数为 45，则该点的邵氏硬度用 A/15：45 表示；同样，使用 D 型硬度计在 1s 内瞬间读数为 60，则该点的邵氏硬度用 D/1：60 表示。

4.10.9 注意事项

（1）方法要点：邵氏硬度计分为 A 型和 D 型。邵氏 A 型适用于软质塑料和橡胶，邵氏 D 型则适用于较硬塑料、硬质塑料和硬质橡胶。

（2）温度：高聚物分子的热运动随温度升高而加剧，带来分子间作用力减弱，内部产生结构松弛，降低了材料的抵抗作用，因而硬度值降低。

（3）试样厚度：试样厚度较小时硬度计压针会受到承托用玻璃片的影响，使硬度值增大。

（4）读数时间：塑料的弹性变形产生松弛现象，随着压针对试样加压时间的增加，其压缩力趋于减小。由于试样对硬度计压针的反抗力减小，因此测量过程中时间控制变得尤为重要。

（5）校准：硬度计在使用过程中压针的形状、尺寸以及弹簧的性能都会发生变化，因此应定期校准。

实验 4.11 硫化橡胶邵氏硬度

4.11.1 概述

橡胶的硬度表示橡胶抵抗外力压入（即反抗变形）的能力，其硬度值的大小表示橡胶的软硬程度。根据硫化胶硬度高低可判断胶料半成品的混炼质量及硫化程度，所以硬度测定常作为混炼胶质量的快速检验项目之一。橡胶硬度与其他力学性能有着密切关系，如定伸应力、撕裂强度、弹性、压缩变形、杨氏模量等。因此在某种意义上，可以通过硬度测量了解其他力学性能。例如，利用测定硬度来控制生产工艺，对于判断产品的达标情况和硫化情况具有重要的意义。

目前国际上测量橡胶硬度的硬度计可分为三类：一是圆锥形平端针压头，如邵氏 A 型硬度计；二是圆锥形针压头，如邵氏 D 型、AM 型硬度计；三是圆球形压头，如邵氏 AO 型硬度计、赵氏硬度计及国际橡胶硬度计等。这些硬度计分别适用于测量不同硬度范围的产品。其中，邵氏 A 型硬度计适用于普通硬度范围的橡胶，邵氏 D 型硬度计适用于高硬度范围的橡胶，邵氏 AO 型硬度计适用于低硬度橡胶和海绵，邵氏 AM 型硬度计适用于普通硬度范围的薄型橡胶样品。赵氏硬度计适用于造纸和纺织工业中所用的胶辊表面硫化橡胶的硬度。国际橡胶硬度计适用于厚度在 0.6mm（或以上）不规则或规则形状橡胶密封圈、垫圈等制品的硬度。

4.11.2 实验目的

（1）掌握硫化橡胶硬度的测试方法。
（2）掌握影响硫化橡胶硬度测试结果的因素。

4.11.3 实验仪器及实验原理

（1）实验仪器

邵氏硬度计分为A型、D型、AO型、AM型四种型号。邵氏硬度计由压针、压足、指示机构、弹簧、砝码等部件构成。邵氏硬度计主要部件示意如图4-29所示，图中上角“a”表示压针伸出量对应硬度计读数为零。

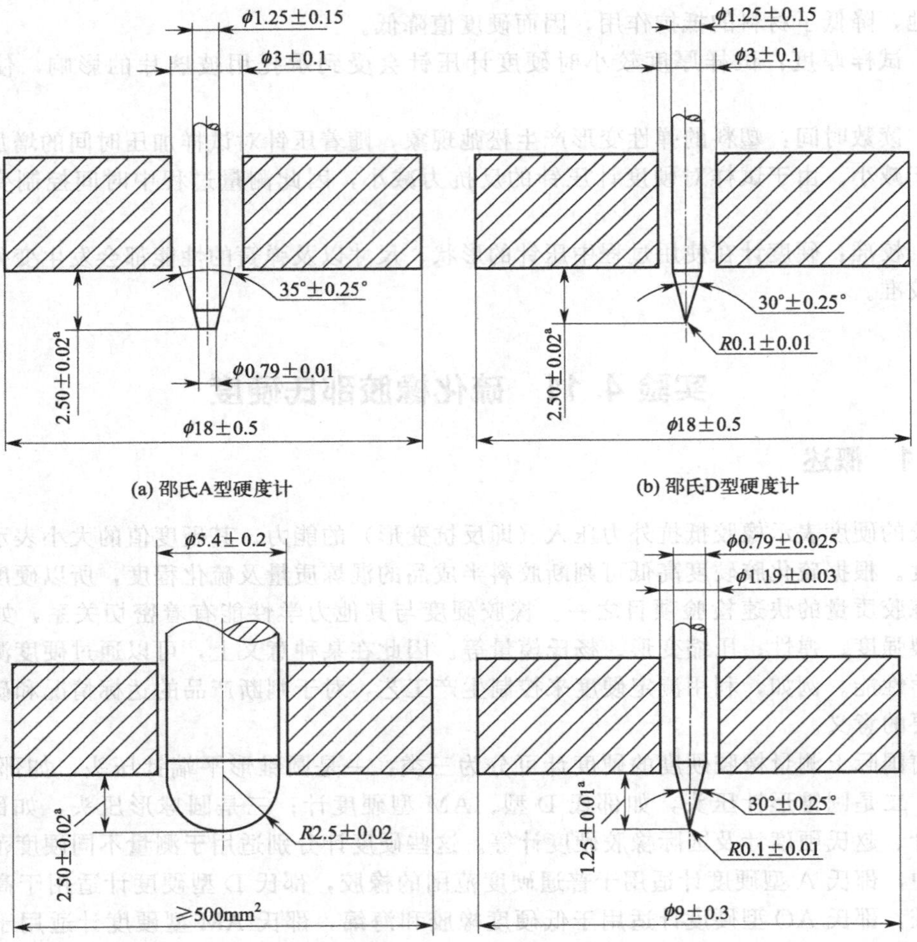

图4-29 邵氏硬度计主要部件示意（单位：mm）

压足要求：A型和D型压足直径为18.0mm±0.5mm，并带有3.0mm±0.1mm的中孔；AO型压足面积至少为$500mm^2$，带有5.4mm±0.2mm的中孔。

压针要求：A型和D型压针采用直径为1.25mm±0.15mm的硬质钢棒制成；AO型压针为半径为2.5mm±0.02mm的球面；AM型压针采用直径为0.79mm±0.025mm的硬质圆棒制成。

指示机构：用于读出压针末端伸出压足表面的长度，并用硬度值表示出来。指示机构的示值范围可以通过下述方法进行校准：在压针最大伸出量为 2.5mm±0.02mm 时硬度指示值为 0，把压足和压针紧密接触合适的硬质平面，压针伸出量为 0 时硬度指示值为 100。

弹簧要求：弹簧是邵氏硬度计核心的部件，给压针提供压力。

支架要求：邵氏 AM 型硬度计必须安装在支架上才能使用。使用支架的主要目的是提高测试精度，通过支架在压针中轴上的砝码加力，使压足压在试样上。邵氏 A 型、D 型、AO 型硬度计既可以用手直接使用，也可以安装在支架上使用。

砝码：A 型和 AO 型硬度计砝码为 1.0～1.1kg；D 型硬度计为 5.0～5.5kg；AM 型硬度计为 0.25～0.30kg。

(2) 实验原理

在特定的条件下把特定形状的压针压入橡胶试样而形成压入深度，再把压入深度转换成硬度值。邵氏 A 型、AO 型硬度计的压力为 1kg，D 型硬度计为 5.0kg，AM 型硬度计为 0.25kg。橡胶在受压时会产生反抗压入的反力，直到弹簧的压力与反力相平衡。橡胶越硬，反抗压针压入的力越大，使压针压入试样表面深度越浅；而弹簧受压越大，金属轴上移越多，故指示的硬度值越大，反之则相反。

压针压入试样的深度与测试的硬度用式(4-13) 计算：

$$T=2.5-0.025H \tag{4-13}$$

式中 T——压针压入试样深度，mm；

H——所测硬度值；

2.5——压针露出部分长度，mm；

0.025——硬度计指针每度压针缩短长度，mm。

(3) 硬度计选择

使用邵氏硬度计时，标尺的选择如下：D 标尺低于 20 时，选用 A 标尺；A 标尺低于 20 时，选用 AO 标尺；A 标尺高于 90 时，选用 D 标尺；薄样品（样品厚度小于 6mm）选用 AM 标尺。

4.11.4 试样要求

(1) 使用 A 型、AO 型、D 型硬度计测定硬度时，试样厚度不小于 6mm；使用 AM 型硬度计时，试样厚度不小于 1.5mm。试样厚度低于 6mm 或 1.5mm 时，试样可以由不多于 3 层叠加而成。A 型、AO 型、D 型硬度计，叠加后试样总厚度至少 6mm；AM 型硬度计，叠加后试样总厚度至少 1.5mm。但由叠层试样测试的结果和单层试样测试的结果不一定一致。用于比对目的，试样应该是相似的。

(2) 试样表面要有足够的面积，使用邵氏 A 型、D 型硬度计，测量位置距离任一边缘分别为 12mm；AO 型至少 15mm，AM 型至少 4.5mm。

(3) 试样表面在一定范围内要平整，上下平行，以保证压足与试样在足够面积内进行接触。邵氏 A 型、D 型硬度计接触面半径至少 6mm，AO 型至少 9mm，AM 型至少 2.5mm。

(4) 试样不应有缺胶、机械损伤及杂质等。

4.11.5 环境要求

实验前试样应在标准实验室温度下调节至少 1h。用于比较目的单一或系列实验应始终采用相同的温度。

实验条件：标准实验室温度。

压针压力：参考砝码的重量。

压针压入速度：使用支架操作时，最大压针压入速度为 3.2mm/s。

4.11.6 实验步骤

邵氏硬度计的实验步骤和要求，按 GB/T 531.1—2008《硫化橡胶或热塑性橡胶 压入硬度试验方法 第 1 部分：邵氏硬度计法（邵尔硬度）》标准进行。

（1）实验前检查试样，如表面杂质需用纱布蘸酒精（乙醇）擦净。观察硬度计指针是否指于零点，并检查压针在压于玻璃面上时是否指向 100。

（2）将试样置于硬度计玻璃面上，然后尽可能快速地将压足平稳地压到试样上或把试样压到压足上。不能有振动，保持压足与试样表面平行以使压针垂直于橡胶表面。

（3）使压足和试样表面紧密接触，保持 3s 后读数。热塑性橡胶是 15s 后读数。

（4）在试样表面不同位置进行 5 次测量，取中值。试样上的每一点只准测量一次硬度，点与点间距离，A 型、AO 型、D 型硬度计至少 6mm，AM 型硬度计至少 0.8mm。

4.11.7 影响因素

（1）温度的影响

当试样温度（或室温）高时，由于高聚物分子的热运动加剧，分子间作用力减弱，内部产生结构的松弛，从而降低了材料的抵抗作用，使硬度值降低，反之则硬度值升高。故试样硫化完毕后应在规定条件下停放和测试。

（2）试样的影响

试样必须达到一定的厚度要求。如试样厚度低于规定值，硬度计压杆则会受到承托试样用玻璃片的影响，导致硬度值偏大，从而影响测试结果的准确性。

试样的上下表面硬度值略有不同。多数情况下，试样上表面（硫化时）的硬度要较下表面硬度低 1～2 个硬度值。这个差异随硫化压力变化而变化。如要进行对比实验，硬度检测最好统一采用上表面或下表面的数据。试样硫化时应标记上、下表面。

（3）读数时间的影响

由于橡胶是黏弹性高分子材料，受外力作用后具有松弛现象，随着压针对试样施加压力时间的延长，其压缩力趋于减小，因而试样对硬度计压针的反抗力也减小。所以，测量硬度时读数时间的早晚对硬度值有较大影响。压针与试样受压后立即读数与指针稳定后再读数，所得结果相差很大：前者偏高，后者偏低，二者之差可达 5～7 度；尤其在合成橡胶中较为显著。

（4）压针长度的影响

在标准中规定邵氏 A 型硬度计的压针露出加压面的高度为 2.5mm±0.02mm。在自由状态下指针应指向零点。当压针压在平滑的金属板或玻璃上时，仪器指针应指向 100 度。如果指示大于或小于 100 度，说明压针露出高度大于 2.5mm 或小于 2.5mm，在这种情况下应停止使用，进行校正。

（5）压针形状和弹簧性能的影响

硬度计的压针通过弹簧压力作用于所测试样上，压针的行程为 2.5mm 时，指针应指向刻度盘上 100 度的位置。硬度计用久后，弹簧容易变形，或压针的针头易磨损，其针头长度和针尖的截面积有变化，均影响测试结果的准确性。经有关实验测定得知，针头磨损长度为0.05mm时，会造成硬度级别为1～3的误差；若截面积直径变化0.11mm时，就会有硬度级别为1～4的误差。因此，硬度计应定期进行压针形状尺寸的检查和弹簧应力的校正，以保证测试结果的可靠性。

4.11.8 思考题

（1）影响硬度的因素有哪些？

（2）邵氏硬度计通常有哪几种？邵氏硬度计适合测量哪些硬度范围内的橡胶硬度？

（3）如何选用合适的邵氏硬度计测量硫化橡胶的硬度？

实验 4.12 硫化橡胶回弹性

4.12.1 概述

高弹性是橡胶的宝贵性能。不同的橡胶制品要求其弹性值高低不一。对于防振和密封用橡胶制品来说，测定弹性值尤为重要。

同一配方的胶料，由于硫化程度不同，其弹性值高低有差异，故弹性能够反映出橡胶的硫化程度。在工业生产中，控制橡胶弹性值的高低是保证产品质量的重要方面。对弹性指标要求严格的橡胶制品，也以此作为确定正硫化点的重要参考数据。

弹性测定方法有数种，以摆锤冲击弹性较为简便有效，现广泛用于工业生产中。

摆锤冲击弹性，就是用具有一定位能的摆锤冲击试样，测定摆锤在冲击试样前后位能减少的百分比。橡胶试样受冲击时，即是对其输入能量。当试样恢复到原始状态时，则会释放出一部分能量（另一部分不能恢复的能量以热的形式消耗于试样中）。释放能与输入能之比，反映了试样在冲击后能够恢复并释放的能量比例，这个比例也被视为试样的回弹性。

4.12.2 实验目的

（1）掌握硫化橡胶回弹性的实验原理。

（2）掌握硫化橡胶回弹性的测试设备及试样要求。

4.12.3 实验仪器及实验原理

（1）仪器设备

硫化橡胶回弹性的测试设备是冲击弹性试验机，由机械摆动装置、刻度盘、夹具和基座等部分构成（见图4-30）。机械摆动装置由一个摆杆和半球形摆锤组成。摆杆的一端环接在摆轴上，可以单自由度地摆动。摆杆的另一端垂直固定一个半球形的圆柱形摆锤，可在重力作用下沿弧形轨道运动。夹具通过螺栓安装在基座的侧面，环形夹持器通过螺栓上的弹簧对试样施加压力，使试样平面与基座侧面紧密接触。夹持环结构如图4-31所示。

图 4-30 冲击弹性试验机

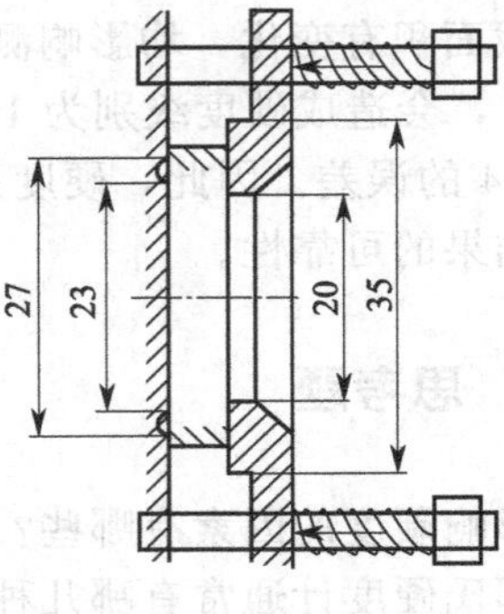

图 4-31 夹持环结构示意（单位：mm）

圆形试样安装在夹具内，基座上方竖立一个扇形的刻度盘，刻度盘的平面与摆杆运行轨迹处于同一平面。刻度盘上指针的一端环扣在摆轴上，通过挂钩固定在摆轴处的摆杆上。当摆杆摆动时指针与摆杆保持垂直的角度一起摆动。当摆锤半圆形冲头接触试样表面时，指针所指的刻度值为零；当摆锤在试样形变恢复的回弹作用下沿反方向回摆时，指针也随着摆杆回摆；当摆锤回摆到最高点再次下降且挂钩与摆杆脱开时，指针停止摆动。此时指针所指的刻度盘上的数字即为实验测试结果。刻度盘上的刻度尺有均匀刻度尺［如图 4-32（a）所示］、平方刻度尺［如图 4-32（b）所示］、非线性平方刻度尺［如图 4-32（c）所示］三种。实验时，冲击摆锤从水平状态（摆杆呈水平状态）沿弧形轨道下降，摆锤下降到最低点（摆轴的正下方）时其运行速度的方向是水平的，此时半球形冲头垂直于试样平面冲击试样。为了减少摆锤冲击试样时产生振动，基座的质量至少是冲击锤质量的 200 倍，以保证在冲击过程中基座不产生位移。

如果需要测试不同于室温下的回弹性，可将冲击弹性试验机置于恒温箱或冷却室中操作。此时，设备应在测试温度范围内进行校正。也可采用带加热或冷却系统的夹持器，控温试样夹持器结构示意如图 4-33 所示。

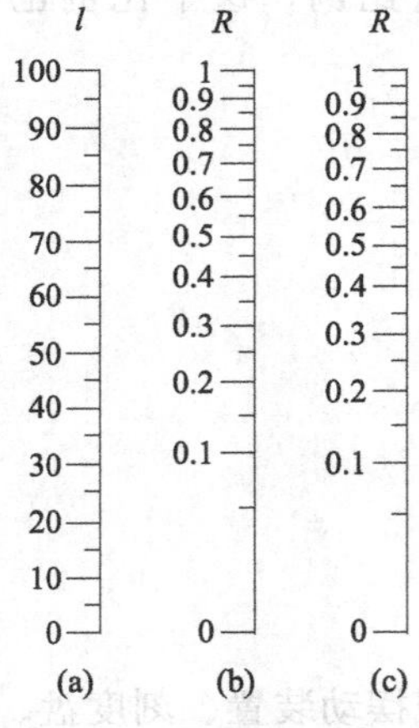

图 4-32 刻度尺示例

（a）均匀刻度尺；（b）平方刻度尺；（c）非线性平方刻度尺

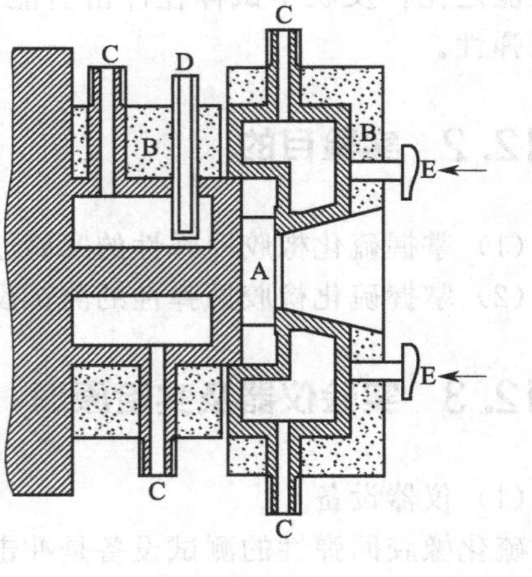

图 4-33 控温试样夹持器结构示意

A—试样；B—隔热材料；C—流体入口或出口；D—温度计插孔；E—弹簧负荷杆

（2）实验原理

硫化橡胶试样受到摆锤冲击会发生形变，使高分子链由卷曲状态变为直链状态。当外力去掉后，由于内应力的作用，分子链要恢复原状，即产生回弹。回弹的大小以摆锤冲击试样后输出能量与摆锤落下时所输入能量之百分比表示。

4.12.4 试样制备

（1）试样要求

① 标准试样直径为（29.0±0.5）mm，厚度为（12.5±0.5）mm。非标准试样尺寸按照表 4-14 所列选取。试样厚度的测量应精确到 0.05mm，试样直径测量应精确到 0.2mm。

② 试样内部应无纤维或其他增强骨架材料。

③ 试样表面应清洁、平整、光滑（不发黏）、无气泡，上下表面平行。若试样表面不平，需要打磨；若发黏，应在表面上撒一些隔离物质，如滑石粉。

表 4-14 非标准回弹试样及夹持环尺寸 单位：mm

基本特性	尺寸Ⅰ	尺寸Ⅱ	尺寸Ⅲ	尺寸Ⅳ	尺寸Ⅴ
试样厚度	2±0.1	4±0.2	6.3±0.3	12.5±0.5	25±1
试样直径	9～25	15～45	20～53	29～53	50～70
夹持环内径	5	8	12	20	36
夹持环外径	10	16	22	35	55

（2）试样制备方法

试样应按照 GB/T 2941—2006《橡胶物理试验方法试样制备和调节通用程序》的方法制备，采用模压或裁切均可。

（3）试样数量

每一种材料应连续测量 2 个试样。

4.12.5 实验条件

（1）试样调节

硫化与实验之间的时间间隔至少为 16h，需避光存放。如果试样需要打磨，打磨和实验之间的时间间隔不应少于 72h。

实验前试样要在标准实验室温度下调节至少 3h。

（2）测试条件

测试温度：优先采用标准实验室温度。如需要，也可以在其他温度下进行。其他温度优先选择下列温度中的一个温度：－75℃、－55℃、－40℃、－25℃、－10℃、0℃、40℃、55℃、70℃、85℃、100℃。温度偏差为±1℃。

标准试样及非标准试样测试时夹具力施加的力值及摆锤质量与速度见表 4-15。

表 4-15 标准试样及非标准试样测试时夹具力施加的力值及摆锤质量与速度

基本特性	标准试样	尺寸Ⅰ	尺寸Ⅱ	尺寸Ⅲ	尺寸Ⅳ	尺寸Ⅴ
冲头直径/mm	12.45～15.05	2.0±0.05	4.0±0.1	6.3±0.1	12.5±0.1	25.0±0.2
冲击质量/kg	0.345±0.005	0.056±0.001	0.112±0.002	0.176±0.005	0.35±0.01	0.70±0.01
冲击速度/(m/s)	1.3～2.0	0.222±0.005	0.45±0.005	0.71±0.01	1.30±0.01	2.80±0.02
施加于试样的力/N	200	50	100	150	300	600

4.12.6 实验步骤

（1）如果实验温度与标准实验室温度不同，应先将整套设备或者能够被加热或被冷却的专用夹具调节到实验温度。若测试温度为标准实验室温度，可忽略该步骤。

（2）调整试验机呈水平状态，在夹具上安装好试样，使摆锤同试样表面呈刚接触（相切）状态。在测试温度范围内调节足够时间，使试样温度与测试温度一致；或者将试样放在与测试温度相同的恒温箱或冷却室中调节足够时间，然后快速将试样插在已经调节好温度的夹具上，试样在夹具上再调节 3min。

（3）抬起摆锤至水平位置，并用机架上的挂钩挂住，接着，将刻度盘上的指针调至零位。然后，松开挂钩，使摆锤自由落下冲击试样。在测试过程中，对试样进行连续冲击，次数应不少于 3 次且不多于 7 次，作为机械调节（本实验中统一规定连续冲击 4 次，不计回弹值）。

（4）在进行机械调节后，立即以相同的速度对试样进行 3 次冲击，并记下 3 次的回弹读数。按相同的方法测试另一个试样的回弹值。

4.12.7 数据处理

每一个试样取三次测试数值的中间值作为其回弹值，两个试样中值的算术平均值作为该样品的最终测试结果。

4.12.8 影响因素

（1）试样厚度的影响

试样越厚，所测弹性值越高；试样越薄，所测弹性值则越低。当厚度超过规定厚度 1mm 时，对测试结果影响较显著。

（2）温度的影响

橡胶弹性值的高低受温度影响较大。同一配方的硫化胶随测试温度的升高，其弹性值增大。只有在相同的测试温度下测试的实验结果才具有可比性。

（3）试样表面状况及夹持状态对测试结果的影响

试样表面若附有粉尘或发黏，因其消耗冲击能，故实验结果偏低。试样应夹紧于试验机座上，否则因冲击时试样松动易产生摩擦位移，造成能量损耗，致使测定值偏低。

（4）摆动装置摩擦损耗的影响

实验设备使用时间长了，摆杆与摆轴之间不可避免会有粉尘进入或磨损，以及连接指针的卡爪对摆杆产生的阻尼，这些都会导致摆锤下降过程中位能不能全部转变成动能，使测试结果偏低。因此，设备使用一段时间后要对摆动装置进行摩擦损耗校正。

摆动装置摩擦损耗校正的方法：取下夹具，使摆锤以一定的摆幅左右摆动，计时摆动周期，记录摆锤从开始摆动到停止的单程摆动的次数。如果摆锤未达到规定的摆动次数，表明摩擦损耗会影响测试结果。校正的方法是在摆轴及卡爪处涂抹黏度低的润滑油，直至摆锤的摆动次数达到或超过要求的次数。

4.12.9　思考题

（1）简述回弹性的实验原理。

（2）影响回弹性的实验因素有哪些？

实验 4.13　硫化橡胶密度

4.13.1　概述

橡胶密度是一项重要的技术指标，可用以检验混炼胶中配合剂是否分散均匀，有无漏加或错加原料的情况，因此是炼胶车间中的快速检查项目之一。此外，在计算成本、进行阿克隆磨耗实验时也需要采用密度数据。橡胶密度的测试方法主要有天平法、密度瓶法和比重法三种。其中，天平法和密度瓶法的实验原理相同，而天平法在实际应用中使用较多。

4.13.2　实验目的

了解橡胶密度的测试方法和原理，掌握天平法测胶料密度的操作技巧，并熟练进行实验结果的计算。

4.13.3　实验仪器及实验原理

4.13.3.1　实验仪器

天平法：分析天平或电子天平或直读式密度计（精度为1mg）、水平跨架、金属笼子、细丝、烧杯、镊子、剪刀、吸水纸。

密度瓶法：分析天平或电子天平（精度为1mg）、密度瓶、镊子、剪刀、吸水纸。

比重法：密度瓶、不同密度的标准液体。

4.13.3.2　实验原理

用带有水平跨架的分析天平，测量试样在空气中的质量和水中的质量。当试样完全浸入水中时，其在水中的质量会小于空气中的质量，质量的减少量与试样排开水的质量相等，排开水的体积等于试样的体积。

橡胶密度（δ），单位为兆克每立方米（Mg/m^3），由式(4-14)计算：

$$\delta=\frac{m_1}{m_1-m_2}\times\rho \tag{4-14}$$

式中　ρ——水的密度，Mg/m^3；

m_1——试样在空气中的质量，g；

m_2——试样在水中的质量，g。

用分析天平称量试样的质量，天平稳定下来需要较长时间，操作比较麻烦。目前实际生产中多采用直读式密度计直接测胶料密度。该法采用电子天平称量质量，天平内装有计算密度的程序，只要将水的密度、试样在空气中和在水中的质量输入，即可直接读出试样的密度，非常快捷，操作方便。电子直读式密度计结构示意如图 4-34 所示。

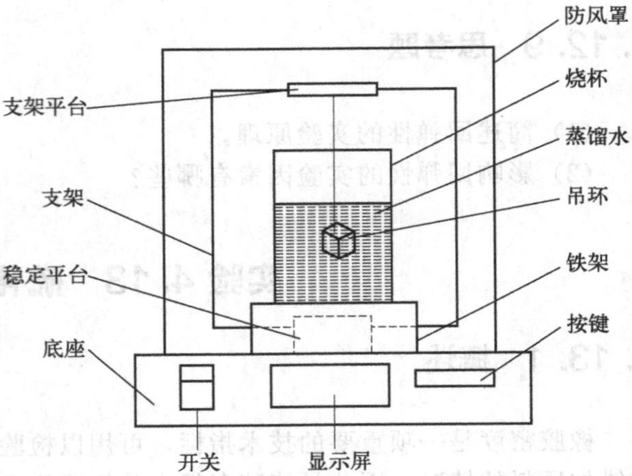

图 4-34 电子直读式密度计结构示意

4.13.4 试样制备

测量密度所用的试样一般为片状或条状的硫化试样，也可以是其他形状的试样。可以从模压的试片、样条上裁取，质量至少为 2.5g，且表面要光滑，不应有裂纹或灰尘，内部不得有气泡。

试样数量：要求每个样品至少应做 2 个试样。

4.13.5 实验条件

试样需在硫化之后避光停放 16h 以上，非制品实验最长不超过 4 周；制品实验，最长不超过 3 个月。裁样前应在标准实验室温度下调节 3h 以上。裁切好的试样应立即进行实验。若不能，应在标准实验室温度下放置。若试样需要打磨处理，则打磨与实验的时间间隔不应超过 72h。

测试温度为标准实验室温度。

4.13.6 实验步骤

本实验采用电子直读式密度计测量硫化橡胶的密度，操作步骤如下。

(1) 打开电源开关，调出标准温度下蒸馏水的密度，按 REF 键输入水的密度。

(2) 将样品架底座放置在天平盘上，然后将跨架跨过样品架底座置于天平盘上，再将装有蒸馏水的烧杯放置于跨架上；用一细钢丝固定敞口的金属笼子，并将其挂在样品架上；按动调零键将天平调零。显示屏上显示“AIR”。

(3) 用镊子将试样放在样品架上，称量其在空气中的质量 m_1（精确至 1mg)，待稳定后按 REF 键输入 m_1。

(4) 待显示屏上显示“LIQUID”，用手指捏住细钢丝将金属笼子缓慢取出。注意不要将水滴到天平盘上，用镊子将试样放入金属笼子，并再次缓慢地将笼子放入烧杯中。入水时快速进入，以防止试样漂出，并上下抖动金属笼子，消除试样表面的气泡，然后将金属笼子挂在样品架上，称量试样在水中的质量 m_2（精确至 1mg)，稳定后按 REF 键输入 m_2。

(5) 显示屏上显示的数字即为试样的密度。拿下金属笼子，取出试样，再将金属笼子挂在样品架上。按调零键调零后即可进行下一实验。

4.13.7 数据处理

记录两个试样的测试结果，取其算术平均值作为最终的测试结果。

4.13.8 影响因素

(1) 温度

温度会影响蒸馏水的密度，也会影响试样的体积，因而会影响胶料的密度。温度升高，水的密度下降，而胶料体积的变化（具体影响需根据实验条件确定）可能导致测得的实验结果偏小。因此，密度测试应在标准温度下进行，同时实验前试样要进行适当的调节。

(2) 金属笼子及细丝

金属笼子和细丝的质量如果在 0.01g 以上，计算时不能忽略，否则会导致测试结果偏大。

(3) 试样的质量

试样的质量越小，在计算密度时误差越大，因此试样的质量应在 2.5g 以上。

(4) 放置试样的方法

如果用手放置试样，手上的汗液会影响试样质量的测试结果，因而会对实验结果有影响。最好用镊子放置试样。

(5) 试样中气泡

试样中有气泡，会使胶料的测试体积偏大，因而会使实验结果偏小。

(6) 风速

若防护罩的门没关上，有空气对流，气体流动会导致测试质量不准，结果不稳定。故测试时要关闭防护罩的门。

实验 4.14 硫化橡胶磨耗性能

4.14.1 概述

橡胶的磨耗性能是动态下使用的橡胶制品极为重要的技术指标，它与某些制品（如轮胎、输送带、胶鞋、动态密封件等）的使用性能、可靠性、安全性和使用寿命都有密切的关系。

橡胶的耐磨性是指硫化胶抵抗由于机械作用表面产生磨损的性能。橡胶磨耗产生的原因，通常有以下三种类型。

(1) 卷曲磨耗。橡胶与橡胶或橡胶同其他物体之间产生相对滑移时，由于黏附作用，在相对摩擦力作用下，橡胶表面的微凹凸不平的地方发生局部变形，并被撕裂破坏，从表面卷曲脱落，产生卷曲磨耗。橡胶制品在光滑的表面上产生高速滑移时，如轮胎在光滑的路面上高速行驶时，会产生这种磨耗。

(2) 疲劳磨耗。与摩擦面相接触的硫化胶表面，在反复的摩擦过程中受周期性压缩、剪切、拉伸等形变作用，使橡胶表面层产生疲劳并逐渐在其中生成疲劳微裂纹，这些裂纹的发展造成材料表面的微观剥落。

(3) 磨损磨耗。橡胶在粗糙表面上摩擦时，由于摩擦表面上凸出的尖锐粗糙物不断切割、刮擦，致使橡胶表面局部接触点被切割、扯断成微小的颗粒，从橡胶表面上脱落下来，形成磨耗。在粗糙路面上行驶速度不高的轮胎胎面的磨耗，就是以这种磨耗为主。

4.14.2 实验目的

了解阿克隆磨耗和辊筒磨耗试验机的结构和工作原理，掌握用阿克隆磨耗机及辊筒磨耗机进行橡胶耐磨性测试的方法和操作步骤，并能熟练进行实验结果的处理和因素分析。

4.14.3 实验仪器及实验原理

4.14.3.1 实验仪器和材料

实验仪器主要有磨耗试验机、天平、剪刀。除实验胶料外，还需要用于黏结胶条的胶黏剂、标准参照胶等材料。

(1) 阿克隆磨耗试验机

阿克隆磨耗试验机如图 4-35 所示，由电机、减速箱、旋转轴、砂轮、角度架、杠杆和重砣等组成。实验中将试样胶轮夹持于旋转轴上，电机带动减速箱使旋转轴旋转，粘贴有条形试样的胶轮与砂轮接触产生摩擦。胶轮直径为 67～68mm，厚度为（12.7±0.2）mm，邵氏 A 硬度为 75～80，中心孔直径与旋转轴尺寸匹配。砂轮直径 150mm，厚度 25mm，中心孔直径 32mm，表面磨料为氧化铝，胶黏剂为陶土，粒度为 36 号。减速箱和电机装于电动机座上。在角度架的侧面装有角度牌及指针，用以显示试样胶轮平面与砂轮平面的倾斜角度。该角度用旋转手轮予以调节，角度调妥后可由固定螺帽加以固定。试验机右端装有砂轮及加压重锤。重砣通过杠杆使砂轮加压于胶轮上。胶轮旋转带动砂轮旋转，由于砂轮和胶轮不在同一平面上，胶轮与砂轮接触面会产生相对摩擦，磨损胶轮表面。计数器装置将信号传给里程自动控制器，当里程达到规定时自动停机。

旋转辊筒式磨耗试验机如图 4-36 所示，主要由包裹有砂纸的辊筒、试样夹持器、滑道、滑动臂、负荷等组成。试样夹持器是一个有开口的圆筒，其直径可在 15.5～16.3mm 范围内调节，并有调节试样长度的装置，使试样伸出夹持器的长度为（2.0±0.2）mm。夹持器安装在旋转手柄上，该手柄与一个可以在滑杆上水平移动的滑道相连。当辊筒旋转一周时夹持器应水平移动（4.2±0.04）mm，在实验过程中通过夹持器的旋转使试样旋转。夹持器适宜的转速为辊筒每转 50 转（r）时夹持器旋转 1 转（r），夹持器的中心轴和旋转方向有 3°的倾角。

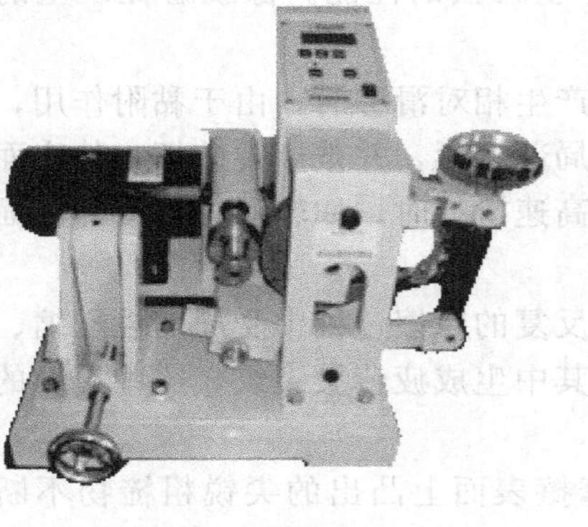

图 4-35 阿克隆磨耗试验机

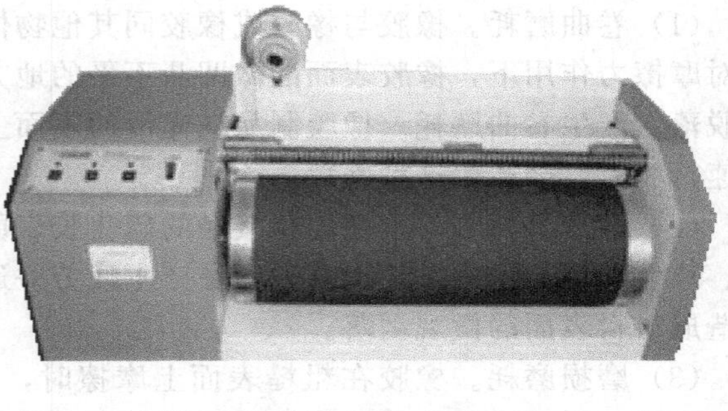

图 4-36 旋转辊筒式磨耗试验机

辊筒直径为 150mm±0.2mm，长约 500mm，以（40±1）r/min 的速度顺时针方向旋转。辊筒上的砂布长度为 473mm，宽度最小为 400mm，平均厚度为 1mm。每张砂纸首次使用时，应标明运转方向。用三条双面胶带沿辊筒全长间隔均匀地把砂布固定在辊筒上，其中一条放在砂布的接头处。砂布接头之间的空隙应不超过 2mm。双面胶带宽约 50mm，厚度不大于 0.2mm。砂布本身的质量对实验结果影响较大，一般要求砂布的粒度为 60 号，用酚醛树脂作为胶黏剂粘接到斜纹布的表面。砂布在首次使用时需要用标准胶进行实验，若砂布产生的磨耗量大于 300mg，必须用钢制试样预磨一次或两次，使磨耗量减小到（200±20）mg。

（2）天平

精度为 1mg 的电子天平或分析天平。

（3）标准参照胶

对于阿克隆磨耗，测量相对磨耗指数时要使用标准参照胶作对比。标准胶有 S_1、S_2、S_3、S_4 四种，配方见附录 1。

对于旋转辊筒磨耗，用于砂布的校准及计算相对磨耗指数时，有 1 号标准参照胶和 2 号标准参照胶。标准参照胶的配方及制备工艺见附录 2。

标准参照胶可从市场购买或自制。

4.14.3.2 实验原理

阿克隆磨耗实验原理：使试样与砂轮在一定的倾斜角度和负荷作用下进行摩擦，测量试样在一定里程（1.61km）内的磨耗体积或磨耗指数。里程可由仪器自动控制，磨下来的胶料体积可由磨下来的胶料质量除以胶料的密度得到。磨损质量等于试样磨损之前的质量减去摩擦规定里程后试样的质量。试样的密度可用天平法测量。

旋转辊筒磨耗实验原理：在规定的压力和接触面上，测定圆柱形橡胶试样在一定级别的纱布上和一定的距离内进行摩擦而产生的磨耗量。实验中试样可以是旋转的，也可以是非旋转的。试样从辊筒的左端运行到右端，机器停止，试样大约运行 40m，测量摩擦过程中被磨下来试样的体积。结果用磨耗指数表示。

4.14.4 试样制备

（1）试样要求

阿克隆磨耗的试样：条状试样。

试样规格：长 $(D+2h)\pi_0^{+5}$ mm，宽度为（12.7±0.2）mm，厚度为（3.2±0.2）mm。其中，D 为胶轮直径；h 为试样厚度；π 为圆周率，取 3.14。试样表面应平整，不应有裂痕和杂质。

旋转辊筒磨耗试样：圆柱形，其直径为（16.0±0.2）mm，高度最小为 6mm。

（2）试样制备方法

① 阿克隆磨耗试样。条状试样是用混炼胶在特制的模具里硫化制得的，然后将试样两面打磨后用氯丁橡胶胶黏剂粘接于胶轮上，粘接时试样不应受到张力。接头粘接时应光滑过渡。

胶条打磨可以通过手工方式在砂轮上进行，或将试样固定在磨片机上对试样的两表面进行打磨。打磨时操作方法必须规范，尽可能均匀。用砂轮机打磨每条试样的两面，并将试样的一端磨成 45°角，然后按长度在试样上画线，切去多余部分，并将另一端磨成 45°角，使试样从侧面上看是一个平行四边形。试样长度应严格控制。试样过长，粘接片时接头部位容易起鼓；试样过短，则粘接片时用力拉伸试样，使试样张力增大，从而影响实验结果。

将氯丁橡胶胶黏剂均匀地涂到试样和胶轮的黏合面上，胶黏剂不要涂得太厚。刷好后停放数分钟，待胶黏剂干燥后将试样与胶轮黏合，并滚压胶轮，特别是45°角斜面接头处多压几下，使黏合牢固，防止实验时试样与胶轮脱离。实验前应将试样轮在砂纸上把45°角接头处磨圆滑，无凸棱。

为了降低胶条粘贴对实验结果的影响，还可采用在金属模具轮上硫化被测橡胶的方法，或直接用被测橡胶硫化成胶轮。不同制样方法测得的实验结果可能不同，之间没有可比性。

② 旋转辊筒磨耗试样。可以用旋转裁刀从硫化胶片上裁取，但不允许冲裁试样。也可以用模型直接硫化成圆柱形试样。如果试样高度达不到要求，可将试样粘接在硬度（国际橡胶硬度测量标准）不低于80的基片上，但橡胶试样的高度应不小于2mm。

(3) 试样数量

阿克隆磨耗试样数量不少于2个。旋转辊筒磨耗试样数量至少为3个，仲裁时用10个。

4.14.5 实验条件

(1) 阿克隆磨耗

粘接后的试样轮应在标准实验室温度下至少调节16h。

阿克隆磨耗测试温度为实验室标准温度23℃±2℃，相对湿度50%。

胶轮轴回转速度为（76±2）r/min；砂轮轴回转速度为（34±1）r/min。

在负荷托架上加上实验用重砣，使试样承受负荷为（26.7±0.2）N。

一般情况下，胶轮轴与砂轮轴之间的夹角为15°±0.5°。当试样行驶1.61km的磨耗体积小于0.1cm^3时，可采用25°±0.5°倾角，但应在实验报告中注明。

(2) 旋转辊筒磨耗

试样在标准实验温度调节至少16h。测试条件：温度23℃±2℃，相对湿度50%。

辊筒转速：（40±1）r/min。

夹持器施加给试样的垂直作用力：（10±0.2）N。

4.14.6 操作步骤

(1) 阿克隆磨耗实验

① 把粘接好并经过调节的试样轮固定在胶轮旋转轴上，调整计数器为500r（转）。启动电机，使试样按顺时针方向旋转。

② 试样预磨15～20min（500r/min）后取下，刷净胶屑；在分析天平或电子天平上称量其质量m_1，精确到0.001g。

③ 将预磨的试样轮重新装在胶轮轴上，调整计数器为3418r（转）。启动电机，开始实验。

④ 当试样行驶1.61km后，设备自动停机。取下试样，刷去胶屑，在1h以内称量其质量m_2，精确到0.001g。

⑤ 测定试样的密度ρ。

(2) 旋转辊筒磨耗实验

① 实验前用毛刷刷去辊筒表面砂布上的胶屑，毛刷规格为长约70mm，高约55mm。

② 用精度为0.001g的天平称量试样的质量m_1，精确至0.001g。

③ 将称量好的试样放入夹持器中，并使试样从夹持器中伸出的长度为2mm±0.1mm，拧紧螺丝固定好试样。

④ 把带有试样的夹持器从滑道移到辊筒的起点处，并放在带有砂布的辊筒上。

⑤ 用 10N±0.2N 的垂直作用力把试样紧压在辊筒上。也可采用 5N±0.1N 的垂直作用力，需要在报告中说明。

⑥ 开动机器进行实验。若测定胶料相对体积磨耗量时采用非旋转试样，测定胶料磨耗指数时则优先采用旋转试样；如采用非旋转试样，须在报告中说明。

⑦ 当磨损行程达到 40m 时自动停机，取下试样，刷去胶屑。称量磨损后试样的质量 m_2，精确至 0.001g，实验结束。

如果在 40m 行程内试样磨耗量大于 400mg，实验可在 20m 行程时停止，然后把试样伸长长度重新调至 2mm±0.2mm 后再进行实验，直至 40m 停机。若在 40m 行程中试样磨耗量大于 600mg，实验应只进行 20m；然后将磨耗量乘以 2，从而得到 40m 行程时的磨耗量。

⑧ 按上述步骤，测定实验胶料与标准胶料的磨耗量。

⑨ 测出胶料和标准胶料的密度 ρ。

4.14.7 数据处理

(1) 阿克隆磨耗体积及磨耗指数

① 试样磨耗体积 V 按式(4-15) 计算：

$$V=\frac{m_1-m_2}{\rho} \tag{4-15}$$

式中 V——试样磨耗体积，cm^3；

m_1——试样预磨后的质量，g；

m_2——试样实验后的质量，g；

ρ——胶料的密度，g/cm^3。

磨耗体积越大，表明胶料的耐磨性越差。

② 试样磨耗指数按式(4-16) 计算：

$$磨耗指数=\frac{V_s}{V_r}\times 100 \tag{4-16}$$

式中 V_s——标准配方的磨耗体积，cm^3；

V_r——实验配方在相同里程中的磨耗体积，cm^3。

磨耗指数越大，表明胶料耐磨性越好。

实验数量不少于两个，以算术平均值表示实验结果，两个试样结果与平均值的差异应在±10%以内。

(2) 旋转辊筒相对磨耗体积及磨耗指数

① 相对体积磨耗量。

相对体积磨耗量按式(4-17) 计算：

$$\Delta V=\frac{\Delta m_{const}}{\Delta m_s}\times\frac{\Delta m_t}{\rho} \tag{4-17}$$

式中 ΔV——相对体积磨耗量，mm^3；

Δm_s——参照胶的质量损失值，mg；

Δm_t——磨耗前后实验胶的质量损失值，mg；

ρ——实验胶的密度，g/cm^3；

Δm_{const}——参照胶的固定质量损失值，mg；用 1 号标准参照胶测得的固定质量损失值为 200mg。

② 磨耗指数。

分别计算 3 个试样质量损失的算术平均值 Δm_t 和 6 个参照样质量损失的算术平均值 Δm_r，测量实验胶和参照胶的密度，代入式(4-18) 计算磨耗指数（ARI）。

$$\mathrm{ARI}=\frac{\Delta m_r \times \rho_t}{\Delta m_t \times \rho_r}\times 100 \tag{4-18}$$

式中 ARI——磨耗指数，%；

Δm_r——参照胶的质量损失值，mg；

Δm_t——磨耗前后实验胶的质量损失值，mg；

ρ_r——参照胶的密度，g/cm^3；

ρ_t——实验胶的密度，g/cm^3。

计算结果以整数位表示。

4.14.8 影响因素

4.14.8.1 阿克隆磨耗测试结果影响因素

(1) 砂轮

砂轮是实验时的磨料，其切割力的大小直接影响实验结果。在使用过程中，随使用时间的延长，在其表面会附着一些发黏的胶末，甚至染上油污，减小切割作用，从而使实验结果偏低。因此，砂轮要经常进行标定，减小实验误差，提高各实验室间实验结果的可比性。砂轮标定建议采用一个专门用来校正的标准配方。

(2) 角度

砂轮轴与胶轮轴之间的夹角是为了使砂轮和试样产生一个固定的滑动角，实验证明这个角度对实验结果的影响很大。一般而言，角度增大，磨耗量几乎呈直线增大。所以，要严格控制和经常检查胶轮轴与砂轮轴之间的夹角。

(3) 负荷

磨耗时磨耗量随着负荷的增加而逐渐增大。这是由于负荷增加使试样轮承受的作用力增大，从而使磨耗力增大，磨耗量增加。因此在实验过程中，必须保证试样承受的作用力恒定。

(4) 试样长度

试样长度对实验结果也有影响，一般而言，试样越短，黏合时试样受到的拉伸作用越大；经停放后，其表面抗撕裂性下降，从而导致磨耗量增大。因此在黏合试样轮时，不要使劲拉伸试样，应确保试样无张力。

(5) 试样厚度

实验证明，随试样厚度增大，胶料的磨耗量逐渐增大；当试样厚度小时，磨耗量随之减小。另外，试样夹板的大小、试样打滑的情况对磨耗量都有影响。但旋转轴的转速对实验结果的影响不太明显。

4.14.8.2 旋转辊筒磨耗测试结果的影响因素

(1) 砂布

砂布是影响实验结果最重要的因素之一。橡胶试样的磨损是由砂布摩擦胶料引起的，在磨耗过程中，一方面砂布表面会留有胶屑，如果不除去，必然会影响下一个实验结果。另一方面，砂布上的氧化铝颗粒随时间会脱落，导致摩擦面发生变化，磨损特性可能会受到影响，从而使实验结果发生偏差。所以，砂布要定期更换，首次使用时要用胶料进行标定。

(2) 压力

由于试样受到的压力增大，砂布对试样的摩擦力增大，因而会增大磨耗量。因此，在测试过程中要保持压力恒定，不要用手去碰试样夹持器，更不允许用手下按试样夹持器。

(3) 试样伸出的高度

试样伸出的高度值越大，摩擦时试样变形越大，会造成磨偏，增大摩擦面，使实验结果偏大。

(4) 温度

环境温度会影响胶料的黏度和硬度：一方面，随着温度升高，胶料变软，摩擦时更易变形，从而缓冲摩擦力，使其不易被磨下；另一方面，温度升高，也会使胶料的强度降低，分子链更易断裂破坏，进而增大磨耗。因此，温度对磨耗结果的影响比较复杂。

4.14.9 思考题

(1) 阿克隆及旋转辊筒相对磨耗体积和磨耗指数的计算方法各是什么？
(2) 影响阿克隆磨耗及旋转辊筒磨耗测试结果的因素各有哪些？
(3) 阿克隆磨耗的试样尺寸要求及测试条件是什么？
(4) 旋转辊筒磨耗测试中使用参照胶的目的是什么？

实验 4.15 硫化橡胶屈挠龟裂及裂口增长

4.15.1 概述

硫化橡胶在反复屈挠作用下，表面的某一区域会出现应力集中进而出现龟裂。裂口一旦产生，就会在垂直于应力的方向上扩展。裂口出现及扩展速度决定了橡胶的使用寿命。有些胶种如丁苯橡胶，虽然表现出明显的抗初始龟裂性能，并且其硫化胶裂口出现时间较天然橡胶晚，但裂口扩展速度远快于天然橡胶。故测试硫化橡胶的抗屈挠龟裂及抗裂口增长非常重要。

4.15.2 实验目的

通过对实验设备实验原理的介绍及实验操作，使操作者掌握实验试样的制备方法、实验条件的设定及实验结果的处理方法，熟悉影响实验测试结果的因素。

4.15.3 实验设备及实验原理

4.15.3.1 实验设备

本实验的设备装置主要有：德墨西亚型屈挠试验机、割口装置。

(1) 屈挠试验机

屈挠试验机由上、下夹持器，以及偏心轮、电机构成。屈挠试验机夹持结构示意如图

4-37 所示。

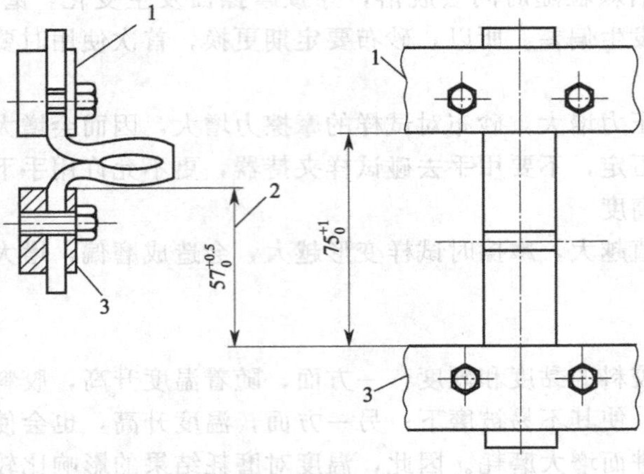

图 4-37 屈挠试验机夹持结构示意（单位： mm）

1—上夹持器；2—行程；3—下夹持器

屈挠试验机应具备下列要求。

① 试验机应有固定部件，固定部件上备有可使试样一端保持在固定位置上的夹持器，还有用于夹住试样另一端的往复夹持器；其往复运动的行程为（$57_{0}^{+0.5}$）mm，两夹持器间的最大距离为（75_{0}^{+1}）mm。

② 每对夹持器有一条共同的中心线，其中往复夹持器的运动轨迹与该中心线重合，各对夹持器的运动轨迹在同一平面上。任一对夹持器的夹持平面在运动过程中都应始终保持平行。

③ 驱动往复部件的偏心轮由恒定转速的电机带动，使夹持器的运动频率为（5.00±0.17）Hz 或（300±10）r/min。

④ 夹持器每次至少能夹持 6 个试样，最好为 12 个试样，夹持器应牢固地夹紧试样。

（2）割口装置

割口装置由样品槽、割口刀具、支架和限位机构等组成。包括割口刀具在内的支架的一端相对样品槽底座旋转，另一端设置有割口刀具。样品槽的中心位置设有与割口刀具相对应的定位孔，定位孔为割口刀具的行程通道。沿样品槽的长度方向设有对中标尺。调整好样品位置后，按压支架，穿透试样，由限位机构限位，完成样品割口。要求割口位于样品沟槽的中心部位。割口装置示意如图 4-38 所示。

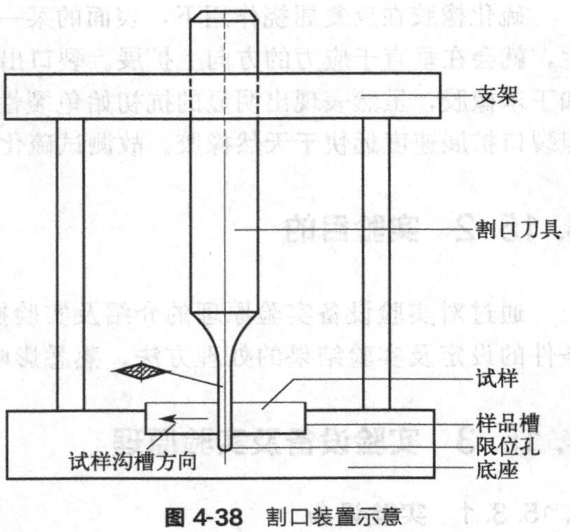

图 4-38 割口装置示意

4.15.3.2 实验原理

利用偏心轮带动上下两夹持器按一定的距离上下运动，使试样受到不停屈挠，观察在相同屈挠条件下胶料出现裂口的等级大小或出现相同裂口时的屈挠时间来判断胶料的耐屈挠疲劳性能。对预割口试样，测量屈挠不同次数后裂口的长度，绘制裂口长度与屈挠次数关系曲线，就可以得到裂口增长快慢程度关系。

4.15.4 试样制备

(1) 试样形状和尺寸

试样有两种类型。一种为带有模压沟槽的矩形断面长条试样，见图 4-39。另一种是带有模压沟槽的圆弧形断面长条试样，见图 4-40。不同断面形状的试样测试结果不同，没有可比性。仲裁实验时首选矩形断面试样。

(2) 试样制备方法

试样可以用一个多模腔的模具单独模压，也可以从一个带有模压沟槽的宽板上裁取。硫化时模压沟槽方向应垂直于胶片压延方向。各试样的宽度应尽可能保持一致。

试样的沟槽应有光滑的表面，不应有不规则的缺陷、气泡和杂质等现象。

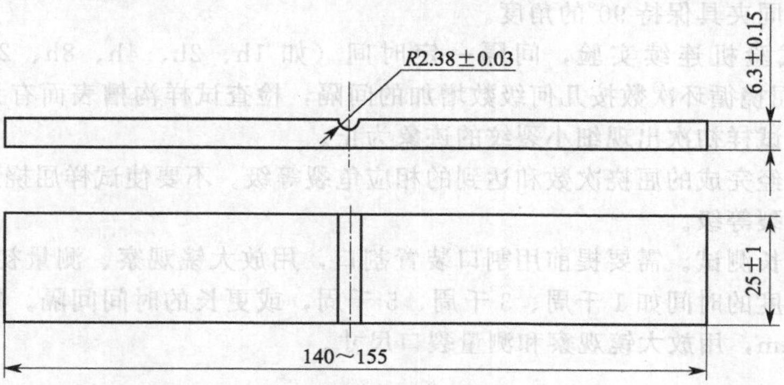

图 4-39 矩形断面长条试样（单位：mm）

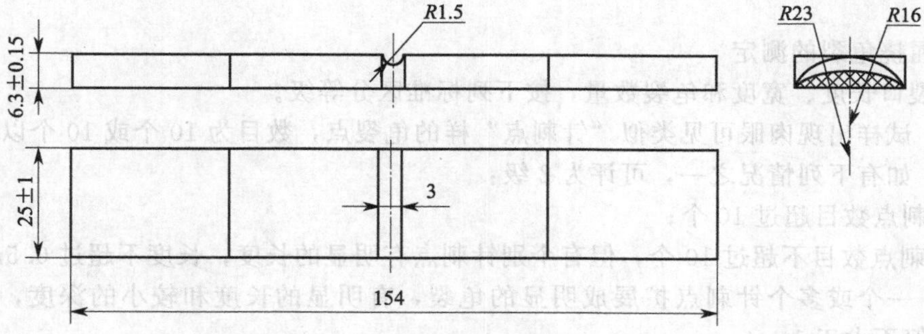

图 4-40 圆弧形断面的长条试样（单位：mm）

如果是成品实验，没有沟槽的试样同样可以应用。经切割或打磨处理的表面不能进行龟裂实验的评价。从成品中切割或打磨的试样应在实验报告中注明。

(3) 试样数量

每种胶料的试样数不应少于 3 个。推荐用 6 个试样进行实验。

4.15.5 实验条件

单独模压的试样硫化与实验的时间间隔不少于 16h。测试前，试样应在标准实验室温度和湿度下调节 3h 以上。

测试通常在标准实验室温度下进行。如果要进行高温或低温测试，则需要将试样放在实验温度下调节至少 3h，然后立即实验。

对湿度敏感的试样，测试环境湿度应为标准实验室湿度。湿度对氟橡胶、聚氨酯橡胶和其他含亲水性填充剂的橡胶影响较大。

屈挠试验机的频率为（5.00±0.17）Hz，转速为（300±10）r/min。

4.15.6 操作步骤

（1）实验前先调整下夹持器行程为 57mm±1mm（即两夹持器的最大距离为 76mm±0.5mm，最小距离为 19mm±0.5mm）。

（2）将夹持器分开到最大距离，装上试样，使试样平展而不受张力，且每个试样的沟槽都位于两夹持器之间的中心位置上。当试样屈挠时沟槽应在所形成折角的外侧，以便于观察结果，确保试样同夹具保持 90°的角度。

（3）开动试验机连续实验，间隔一定时间（如 1h、2h、4h、8h、24h、48h、72h、96h）或者根据屈挠循环次数按几何级数增加的间隔，检查试样沟槽表面有无裂纹产生，直到每个被测试的试样初次出现细小裂纹的迹象为止。

（4）记录已经完成的屈挠次数和达到的相应龟裂等级。不要使试样屈挠到完全断裂，但要屈挠到某个龟裂等级。

（5）裂口增长测试。需要提前用割口装置割口，用放大镜观察、测量初始割口尺寸 L。停机测量裂口长度的时间如 1 千周、3 千周、5 千周，或更长的时间间隔。每次测量时把夹持器分离到 65mm，用放大镜观察和测量裂口尺寸。

4.15.7 实验结果

（1）屈挠龟裂的测定

比较裂口长度、宽度和龟裂数量，按下列标准区分等级。

1 级：试样出现肉眼可见类似“针刺点”样的龟裂点，数目为 10 个或 10 个以下。

2 级：如有下列情况之一，可评为 2 级：

a. 针刺点数目超过 10 个；

b. 针刺点数目不超过 10 个，但有个别针刺点有明显的长度，长度不超过 0.5mm。

3 级：一个或多个针刺点扩展成明显的龟裂，有明显的长度和较小的深度，长度大于 0.5mm，但不大于 1mm。

4 级：最大龟裂处长度大于 1mm，但不大于 1.5mm。

5 级：最大龟裂处长度大于 1.5mm，但不大于 3.0mm。

6 级：最大龟裂处长度大于 3.0mm。

计算达到某一龟裂等级的千周数的中位数。用 1 级到 6 级屈挠千周数的中位数在线性坐标纸上标点，并通过这些点画出一条光滑的曲线。使用图解内插法，可以找出每一裂口等级的千周数。达到 3 级需要的千周数是平均抗屈挠龟裂的千周数。

（2）裂口增长的测定

取 3 个或 3 个以上试样屈挠千周数的中位数为实验结果，以裂口长度为纵坐标，屈挠千周数为横坐标画出的平滑曲线上可以得出如下结果：

① 裂口从 L mm 增长到（L+2）mm 所需的千周数；

② 裂口从（$L+2$）mm 增长到（$L+6$）mm 所需的千周数；

③ 如果需要，可读出裂口从（$L+6$）mm 增长到（$L+10$）mm 所需的千周数。

4.15.8 影响因素

（1）夹持器夹持试样的位置

安装试样时，要求上下夹持器之间达到最大距离。如果试样未在最大距离处安装，则夹持器距离达到最大时对试样会产生拉伸作用，这将大大影响测试结果，使测试结果明显偏低。

（2）试样沟槽

试样上的沟槽是通过模具上的凸脊压入胶料后形成的。模具凸脊的光滑程度会影响沟槽表面质量。如果凸脊表面有结垢或损伤，沟槽包面不平滑，容易产生缺陷点，导致测试结果偏低。

（3）臭氧的影响

屈挠龟裂实验要求周围空气中不含臭氧，否则测试结果偏低。因此，测试时不应在任何能产生臭氧的仪器如日光灯或有静电放电现象的房间里进行，应采用在运行中不产生臭氧的电机驱动试验机。

（4）胶料的质量

屈挠试样是通过混炼胶硫化制得，混炼胶中填充剂及其他助剂的分散性会对硫化胶的屈挠龟裂性有重要影响。例如，炭黑或无机填充剂在胶料中分散不好，有团聚的颗粒，或者筛余物含量比较高。团聚的颗粒及筛余物都属于杂质，如果存在于试样沟槽附近，必将使试样的裂口产生时间提前，裂口增长速度加快。

4.15.9 思考题

（1）屈挠龟裂的产生及增长与哪些因素有关？

（2）如何从屈挠龟裂图上得到试样的疲劳寿命？

（3）屈挠龟裂测试的试样数量有几个？实验数据如何处理？

实验 4.16 硫化橡胶耐热空气老化性能

4.16.1 概述

橡胶在加工、储存、运输和应用过程中，不可避免地与热和氧接触。在热的作用下橡胶与氧气的反应速度加快，而在氧气参与下橡胶热降解更容易发生，故热和氧共同作用下橡胶性能快速下降，使用寿命缩短。这便是热氧老化。

热氧老化是橡胶最常见的老化方式。不同的橡胶由于分子结构、配方、使用条件或环境不同，其耐老化性有明显差异。为了研究和评价各种橡胶在热氧条件下的老化性能和老化规律，已建立了各种老化实验方法，如自然老化实验和人工加速老化实验。自然老化实验包括天候老化实验、棚内老化实验、室内（仓库）储存老化实验等。自然老化实验是利用自然环境条件或自然介质进行实验，可获得比较可靠的数据，方法简便，但老化速度缓慢，实验周期长，不能满足科研和生产上的及时需要。人工加速老化实验包括人工天候老化实验、热空气老化实验等。人工加速老化实验是模拟和强化自然环境因素进行的实验，实验周期短、模拟环境再现性好，现在被广泛应用于科研和生产上。

热空气老化实验是硫化橡胶在高温常压下的空气中进行的加速老化实验，也称热氧老化实验，可用来评价橡胶的耐热性能、防老剂的防护性能、配合剂的污染性能以及筛选配方和推导储存期等。

4.16.2 实验目的

了解橡胶热空气老化实验箱的结构和工作原理，掌握不同橡胶老化实验条件的选取原则和实验操作方法，以及老化实验结果的表示方法，评价橡胶的耐热氧老化性能高低。

4.16.3 实验仪器及实验原理

4.16.3.1 实验仪器

采用热空气老化箱进行老化实验，老化箱应符合下列要求：

① 具有连续鼓风装置以及进气孔和排气孔；

② 箱内装有能转动的试样架；

③ 必须有温度控制装置和测温装置，控制温度的精度在±1℃以内；

④ 温度传感器应安装在箱体内靠近试样的位置，记录真实的老化温度；

⑤ 加热室结构中不应使用铜及铜合金；

⑥ 老化箱内的空气应缓慢流动，老化箱空气置换率为3～10次/h。

热空气老化箱有三种结构方式：多单元式、柜式、强制通风式。

① 多单元式老化箱。其由一个或多个高度不小于300mm的立式圆柱形单元组成。每个单元应置于恒温控制且传热良好的介质(铝或饱和蒸汽)中。流过一个单元的空气不允许再经过另一个单元。

② 柜式老化箱。仅由一个箱室组成，箱室内的空气缓慢流动，加热室中不设置换气扇。

③ 强制通风式老化箱。强制通风式老化箱结构示意如图4-41所示，分为层流空气老化箱(1型)和湍流空气老化箱(2型)两种。层流空气老化箱(1型)流经加热室的空气均匀且保持层流状态，空气流速在0.5～1.5m/s之间，放置试样时朝向空气流向的试样面积应最小。湍流空气老化箱(2型)从侧壁进风口的空气流经加热室，在试样周围形成湍流，试样悬挂在转速为5～10r/min的支架上以确保试样受热均匀，空气平均流速为0.5m/s±0.25m/s。

4.16.3.2 实验原理

在一定的温度条件和大气压力下，将橡胶试样放置在热空气老化箱内一段时间(根据实际要求选取)，测量老化前后胶料物理性能(与实际应用相关)变化值、变化率或保持率来评价橡胶耐热氧老化性能。在没有明确性能的情况下，建议测试橡胶的拉伸强度、定伸应力、拉断伸长率和硬度。

4.16.4 试样制备

试样不采用完整的成品和样品片材进行实验，建议按照选定性能的实验要求制备试样。如采用拉伸性能测试哑铃状试样时，按照测试标准要求从硫化胶片上用裁刀裁取；试样数量不得

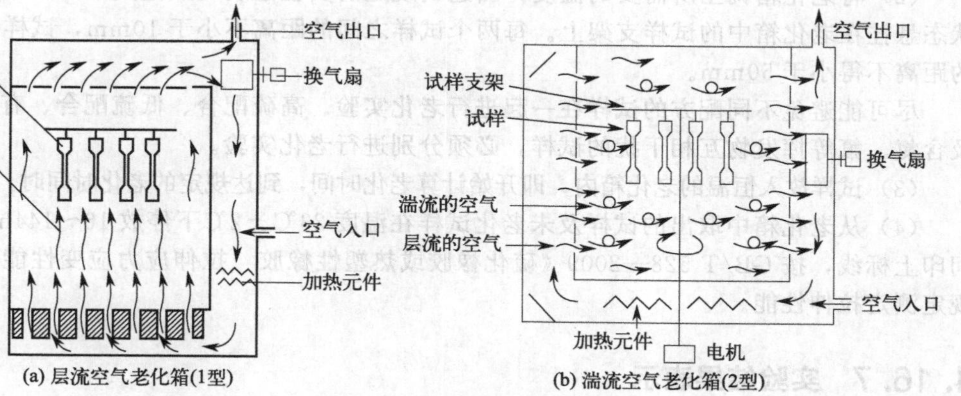

图 4-41 强制通风式老化箱结构示意

少于 10 个，其中 5 个按规定测定老化前的性能，其余的在老化后测定性能。如采用硬度测试，试样要求按照 GB/T 531.1—2008《硫化橡胶或热塑性橡胶 压入硬度试验方法 第 1 部分：邵氏硬度计法(邵尔硬度)》规定进行制备。

注意：避免在同一老化箱中同时老化不同种类的橡胶。为防止硫黄、抗氧剂、过氧化物或增塑剂发生迁移，建议采用单独的老化箱进行实验。以下几种材料可以同时老化：

① 相同类型的高分子材料；

② 含有相同类型的促进剂和硫黄与促进剂配比大致相同的硫化橡胶；

③ 含有相同类型抗氧剂的橡胶；

④ 增塑剂类型和含量相同的橡胶。

4.16.5 试样调节与实验条件

(1) 试样调节

试样在硫化与实验之间的时间间隔至少 16h，最长不超过 4 周，如果是制品实验，最长不超过 3 个月。进行仲裁时调节时间不少于 72h。

(2) 实验条件

加速老化温度不宜过高，高温可能导致老化机理不同于实际使用温度下的老化机理，否则实验结果无效。合适且稳定的老化温度至关重要，通常根据橡胶的耐热性确定老化温度。根据实验需要，老化温度可优先选择 50℃、70℃、100℃、120℃、150℃、200℃、300℃等。从 50℃至 100℃，温度允许偏差为±1℃；从 120℃至 300℃，温度允许偏差为±2℃。

老化时间可选为 24h、48h、72h、96h、144h 或更长的时间。老化程度不能过深，否则无法测试性能。

老化后性能测试条件：试样从老化箱中取出后，在性能测试所要求的温度和湿度下调节不少于 16h，不超过 6d。按照有关性能测试条件进行性能测试。

4.16.6 操作步骤

(1) 在硫化的标准试片上用裁刀裁切哑铃状试样 10 个并分别做好标记，在标准实验室温度下调节 3h。在老化实验前测定各试样的厚度以及试样的硬度。

（2）将老化箱调至所需要的温度，当达到规定的实验温度后，把其中的5个试样呈自由状态悬挂在老化箱中的试样支架上。每两个试样之间的距离不小于10mm，试样与箱壁之间的距离不得小于50mm。

尽可能避免不同配方的试样在一起进行老化实验。高硫配合、低硫配合、有无防老剂以及含氯、氟等挥发物互相干扰的试样，必须分别进行老化实验。

（3）试样放入恒温的老化箱内，即开始计算老化时间，到达规定的老化时间时，立即取出。

（4）从老化箱中取出的试样及未老化试样在温度23℃±2℃下停放16～144h，并在这期间印上标线，按GB/T 528—2009《硫化橡胶或热塑性橡胶 拉伸应力应变性能的测定》的规定测定拉伸性能。

4.16.7 实验结果表示

胶料在老化前后性能测定结果的计算与取值方法按GB/T 528—2009《硫化橡胶或热塑性橡胶 拉伸应力应变性能的测定》的规定进行。

（1）性能百分变化率

胶料老化前后性能变化率计算方法见式（4-19）。

$$性能变化率=\frac{X_a-X_0}{X_0}\times 100\% \tag{4-19}$$

式中 X_a——试样老化后的性能测定值；

X_0——试样老化前的性能测定值。

性能百分变化率的计算取老化前、老化后各5个试样的中间值计算结果，取值精确到整数位。

（2）硬度的变化

胶料老化前后硬度变化用式（4-20）计算。

$$H=X_a-X_0 \tag{4-20}$$

式中 X_a——试样老化后的硬度测定值；

X_0——试样老化前的硬度测定值。

硬度测试五点，取中间值计算。

4.16.8 影响因素

（1）老化箱类型的影响

多单元式老化箱由于圆柱形单元各自独立，流经的空气之间没有相互干扰，可以同时测试不同种类橡胶的老化性能。柜式老化箱没有换气扇，老化箱内空气会被试样中挥发出的小分子气体稀释，使老化箱中氧气浓度降低，后期老化速度变慢，测试的耐老化性能变好。另外，由于空气流动慢，加热室内温度分布不均匀，耐老化性能测试结果偏差较大。强制通风式老化箱由于加热室内空气更新较快，氧气浓度变化较小，故老化条件稳定，测试结果与实际使用情况更加接近。

（2）老化箱内空气置换速度的影响

空气置换速度决定了老化箱内空气的流速。置换速度越快，空气流速越快，加热室内温度越均匀，氧气的补充越及时，分子链降解速度越快。低流速时，加热室内会积累热降解产物和挥发性组分，同时也消耗氧气，分子链降解速度减慢。故老化箱内空气置换速度对老化测试结果影响很大。如果是对比实验，测试各试样的老化条件要一致，空气置换速度应相同。

(3) 老化温度和时间的影响

随老化温度升高，分子链热降解加剧，低分子组分挥发增多，硫化胶的性能下降加快，耐老化性变差。随老化时间延长，初期有些橡胶性能会略有提升（补充硫化），之后快速下降；再延长时间，性能下降趋缓。

(4) 橡胶中增塑剂的影响

增塑剂的闪点低，在老化过程中低分子挥发物多，使其对橡胶的增塑作用下降，故老化后硫化胶硬度上升明显，伸长率下降显著。但这种性能变化并不是分子链老化导致的，故测试结果不能准确地反映硫化胶的耐老化性能。

4.16.9 思考题

(1) 橡胶老化实验条件怎么选取?

(2) 如何评价橡胶的耐老化性能?

(3) 根据所用介质和压力的不同，橡胶老化实验可分为哪几种方法?

(4) 影响橡胶热氧老化测试结果的因素有哪些?

实验 4.17 聚合物氧指数

4.17.1 概述

判断聚合物在实验室条件下燃烧难易程度有许多方法，如垂直燃烧与水平燃烧法、灼热丝法、锥形量热仪法、烟密度法和氧指数法等。其中，氧指数法方便快捷，在判断材料阻燃性能方面应用广泛。所谓氧指数是指在规定实验条件下，恰好维持初始温度为室温的试样稳定燃烧的氧、氮混合气体的最低氧浓度。

氧指数法适用于评定均质固体材料、层压材料、泡沫材料、软片和薄膜材料等在规定实验条件下的燃烧性能。其结果不能用于评定材料在实际使用条件下着火的危险性，也不适用于评定受热后呈高收缩率的材料。

4.17.2 实验目的

(1) 了解氧指数仪的结构与组成并掌握使用方法;

(2) 初步建立易燃聚合物氧指数差异的概念;

(3) 学会测定、计算氧指数的实验方法。

4.17.3 实验设备

氧指数仪由玻璃燃烧筒、燃烧筒帽、试样夹、金属网、气体混合室等组成，如图 4-42 所示。

(1) 玻璃燃烧筒

玻璃燃烧筒(简称燃烧筒)为最小内径 75mm、高 450mm、顶部出口内径 40mm 的耐热玻璃管，垂直固定在可通过氧、氮混合气流的基座上。其底部用直径为 3～5mm 的玻璃珠充填，充填高度为 80～100mm。在玻璃珠的上方装有金属网，以防下落的燃烧碎片阻塞气体入口和配气通路。

试样夹固定在燃烧筒轴心位置上，并能垂直夹住试样的构件。对非自撑试样需要配如图 4-43 所示的框架，将试样的两个垂直边同时固定在框架上。

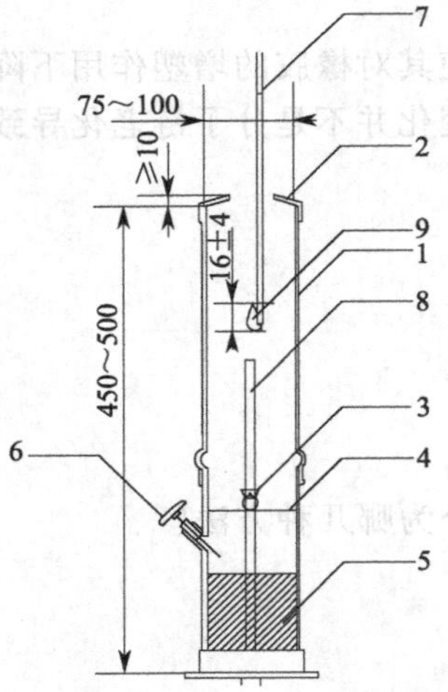

图 4-42 氧指数测定仪示意

1—玻璃燃烧筒；2—燃烧筒帽；3—试样夹；4—金属网；5—气体混合室；6—测温装置；7—点火器管；8—实验试样；9—点火器火焰

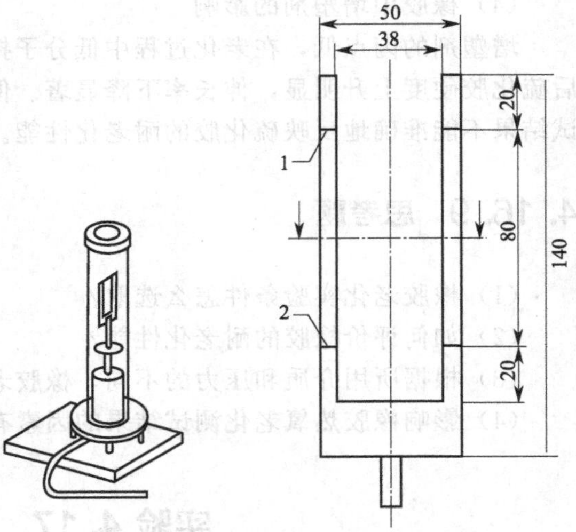

图 4-43 非自撑试样的框架结构

1—上参照标记；2—下参照标记

(2) 流量测量和控制系统

可以测量进入燃烧筒的气体流量，采用控制精度为±5%（体积比）的流量测量和控制系统，至少 2 年校准一次。

(3) 气源

采用 GB/T 3863—2008《工业氧》中所规定的氧气和 GB/T 3864—2008《工业氮》中所规定的氮气及所需的氧、氮气钢瓶和流量调节装置。气体使用的压力不低于 1MPa。

(4) 点火器

由一根金属管制成，尾端有内径为(2±1)mm 的喷嘴，能插入燃烧筒内点燃试样；通入未混有空气的丙烷，或丁烷、石油液化气、煤气、天然气等可燃气体。点燃后，当喷嘴垂直向下时，火焰的长度为(16±4)mm。

注意：仲裁实验时，须以未混有空气的丙烷作为点燃气体。

(5) 排烟系统

能够排除燃烧产生的烟尘和灰粒，但不应影响燃烧筒中的温度和气体流速。

(6) 计时装置

具有±0.25s 精度的计时器。

4.17.4 试样要求

(1) 试样为矩形，长度为 80～150mm，宽度为 10mm±0.5mm，厚度为 4.0mm±0.25mm。

（2）试样表面应平整光滑，无气泡、飞边、毛刺等缺陷。

（3）每组试样 15 个。

4.17.5 实验步骤

（1）预备工作

在试样宽面距点火端 50mm 处画一标线，垂直装在试样夹上，试样上端至筒顶的距离大于 100mm。

（2）估计氧浓度值

在空气中迅速燃烧的试样，估计氧浓度值为 18% 以下；在空气中缓慢燃烧或时断时续时，则为 21% 左右；在空气中不着火的，估计为 25% 以上。调节流量阀门，使流入燃烧筒的氧气、氮气混合气体达到要求的氧气浓度，并保证燃烧筒内气体流动速率为（40±1）mm/s，使调节好的气体流动 30s。

（3）按照下列方法进行燃烧实验

方法 A（顶端点燃法）：使火焰的最低部分接触试样顶端并覆盖整个顶表面，勿使火焰碰到试样的棱边和侧表面。在确认试样顶端全部着火后，立即移去点火器，开始计时或观察烧掉的长度。

点燃试样时，火焰作用的时间最长为 30s；若在 30s 内不能点燃，则应提高氧浓度。继续点燃，直至 30s 内点燃为止。

方法 B（扩散点燃法）：充分降低和移动点火器，使火焰可见部分施加于试样顶表面，同时施加于垂直侧表面约 6mm 长。

点燃试样时，火焰作用时间最长为 30s，每隔 5s 左右稍移开点火器观察试样，直至垂直侧表面稳定燃烧或可见燃烧部分到达上标线处；立即移去点火器，开始计时或观察试样燃烧长度。若 30s 内不能点燃试样，则提高氧浓度；再次点燃，直到 30s 内点燃为止。

（4）根据试样燃烧状态及持续时间，调节气瓶流量，直至试样稳定燃烧：

① 燃烧时间超过 3min 时，应提高氧浓度；

② 燃烧时间不到 3min 时，应降低氧浓度。

如此反复，直到采用上述步骤①和②所得氧浓度之差小于 0.5% 时，即可由上述步骤①的氧浓度计算材料的氧指数。

（5）重复三次上述操作，取算术平均值，取三位有效数字。

4.17.6 结果计算

按式（4-21）计算氧指数（OI）如下：

$$\text{氧指数}=\frac{[O_2]}{[O_2]+[N_2]}\times 100\% \tag{4-21}$$

式中 $[O_2]$ ——氧气流量，L/min；

$[N_2]$ ——氮气流量，L/min。

4.17.7 思考题

采用氧指数法评价聚合物燃烧行为有什么优点？

参考文献

[1] 杨鸣波，黄锐．塑料成型工艺学［M］．北京：中国轻工业出版社，2014.
[2] 杨清芝．橡胶工艺学［M］．北京：化学工业出版社，2011.
[3] 周达飞，唐颂超．高分子材料成型加工［M］．北京：中国轻工业出版社，2011.
[4] 王贵恒．高分子材料成型加工原理［M］．北京：化学工业出版社，2004.
[5] 刘廷华．高分子专业实验教程［M］．杭州：浙江大学出版社，2011.
[6] GB/T 528—2009. 硫化橡胶或热塑性橡胶 拉伸应力应变性能的测定．
[7] GB/T 529—2008. 硫化橡胶或热塑性橡胶撕裂强度的确定（裤形、直角形和新月形试样）．
[8] GB/T 533—2008. 硫化橡胶或热塑性橡胶 密度的测定．
[9] GB/T 531.1—2008. 硫化橡胶或热塑性橡胶 压入硬度试验方法 第1部分：邵氏硬度计法（邵尔硬度）．
[10] GB/T 1040.1—2018. 塑料 拉伸性能的测定 第1部分：总则．
[11] GB/T 1040.2—2022. 塑料 拉伸性能的测定 第2部分：模塑和挤塑塑料的实验条件．
[12] GB/T 1043.1—2008. 塑料 简支梁冲击性能的测定 第1部分：非仪器化冲击试验．
[13] GB/T 1232.1—2016. 未硫化橡胶 用圆盘剪切黏度计进行测定 第1部分：门尼黏度的测定．
[14] GB/T 1232.4—2017. 未硫化橡胶 用圆盘剪切黏度计进行测定 第4部分：门尼应力松弛率的测定．
[15] GB/T 1633—2000. 热塑性塑料维卡软化温度（VST）的测定．
[16] GB/T 1681—2009. 硫化橡胶回弹性的测定．
[17] GB/T 1689—2014. 硫化橡胶 耐磨性能的测定（用阿克隆磨耗试验机）．
[18] GB/T 1843—2008. 塑料 悬臂梁冲击强度的测定．
[19] GB/T 2406.1—2008. 塑料 用氧指数法测定燃烧行为 第1部分：导则．
[20] GB/T 2406.2—2009. 塑料 用氧指数法测定燃烧行为 第2部分：室温试验．
[21] GB/T 10707—2008. 橡胶燃烧性能的测定．
[22] GB/T 2411—2008. 塑料和硬橡胶 使用硬度计测定压痕硬度（邵氏硬度）．
[23] GB/T 2941—2006. 橡胶物理试验方法试样制备和调节通用程序．
[24] GB/T 2918—2018. 塑料 试样状态调节和试验的标准环境．
[25] GB/T 3398.2—2008. 塑料 硬度测定 第2部分：洛氏硬度．
[26] GB/T 3512—2014. 硫化橡胶或热塑性橡胶 热空气加速老化和耐热试验．
[27] GB/T 3682.1—2018. 塑料 热塑性塑料熔体质量流动速率（MFR）和熔体体积流动速率（MVR）的测定 第1部分：标准方法．
[28] GB/T 4550—2005. 试验用单向纤维增强塑料平板的制备．
[29] GB/T 4883—2008. 数据的统计处理和解释 正态样本离群值的判断和处理．
[30] GB/T 6038—2006. 橡胶试验胶料的配料、混炼和硫化设备及操作程序．
[31] GB/T 9341—2008. 塑料 弯曲性能的测定．
[32] GB/T 9867—2008. 硫化橡胶或热塑性橡胶耐磨性能的测定（旋转辊筒式磨耗机法）．
[33] GB/T 11997—2008. 塑料 多用途试样．
[34] GB/T 12833—2006. 橡胶和塑料 撕裂强度和粘合强度测定中的多峰曲线分析．
[35] GB/T 13934—2006. 硫化橡胶或热塑性橡胶 屈挠龟裂和裂口增长的测定（德墨西亚型）．
[36] GB/T 16584—1996. 橡胶 用无转子硫化仪测定硫化特性．
[37] GB/T 17037.1—2019. 塑料 热塑性塑料材料注塑试样的制备 第1部分：一般原理及多用途试样和长条形试样的制备．
[38] GB/T 17037.3—2003. 塑料 热塑性塑料材料注塑试样的制备 第3部分：小方试片．
[39] GB/T 21189—2007. 塑料简支梁、悬臂梁和拉伸冲击试验用摆锤冲击试验机的检验．
[40] 中华人民共和国工业和信息化部．JB/T 6148—2017. 邵氏硬度计．
[41] 中华人民共和国工业和信息化部．JB/T 7409—2015. 塑料洛氏硬度计 技术规范．
[42] 中华人民共和国工业和信息化部．JB/T 7797—2017. 橡胶、塑料拉力试验机．

附录 1 阿克隆磨耗标准橡胶配方

附表 1-1 标准橡胶配方及硫化条件

标准配方	S_1	S_2	S_3	S_4
天然胶	100	100	—	100
丁苯胶(SBR)1500	—	—	100	—
硬脂酸	—	2	1	2
氧化锌	50	5	3	5
N330	36	50	—	60
N220	—	—	50	—
重质碳酸钙	—	—	—	60
增塑剂 DOP	—	—	—	3
促进剂 CBS	—	0.5	1.0	0.6
促进剂 DM	1.2	—	—	—
防老剂 IPPD	1.0	1.0	1.0	1.0
硫黄	2.5	2.5	2.0	2.5
硫化条件				
硫化温度/℃	150	140	150	140
硫化时间/min	30	40	60	40

附录 2 旋转辊筒磨耗参照胶配方及制备工艺

（1）1 号标准参照胶配方

天然胶（SMR5）	100
促进剂 DM	1.8
防老剂 4010NA	1.0
氧化锌	5.0
N330 炭黑	36.0
硫黄	2.5
合计	146.3

① 混炼工艺。采用密炼室容积为 4.6L 的密炼机混炼胶料，用开炼机混匀胶料，具体操作工艺如下。

密炼工艺条件：填充系数 0.65±0.05，转子转速 30r/min；冷却水冷却。橡胶质量 2kg。加入橡胶塑炼 7.5min→加入氧化锌、防老剂、促进剂混炼 3.5min→加入炭黑混炼 3min→加入硫黄混炼 4min 排胶；排胶温度 100～110℃。

开炼工艺条件：辊筒直径 250mm，工作宽度 400mm；辊筒表面温度 50℃±5℃；前辊转速 12.4r/min，后辊转速 18.1r/min。

密炼机排出的胶料立即加入开炼机包辊 1min，辊距 0.5mm；左右切割 3～4 次，时间为 4min；翻转辊压胶片 5min；调辊距为 5.0mm，出片关机。出片时温度 70℃。

② 硫化工艺。胶片厚度至少为 6mm。硫化温度为 150℃±2℃，硫化时间为 25min±1min，硫化压力不小于 3.5MPa。推荐的硫化胶片尺寸为：长 186mm，宽 186mm，厚 8mm。每张胶片可裁取 90 个试样。

用 15 个参照试样对砂布进行校准，每次用非旋转试样运行 3 次，以所得测量值的中值作为每一试样的质量损失，这 15 个中值的平均值应在 200mg±20mg 范围内。硫化胶的硬度(邵尔 A)平均在 60±3。

（2）2 号标准参照胶配方

天然胶（SMR5）	100
硬脂酸	2.0
氧化锌	5.0
N330 炭黑	50
防老剂 4010NA	1.0
促进剂 CZ	0.5
硫黄	2.5
合计	161.0

胶料混炼按 GB/T 6038—2006 规定要求进行，硫化条件为 140℃×60min。两批不同标准胶的质量损失值之差应在±10%以内。用旋转试样进行实验时，其标准胶的质量损失值约为 150mg。